U0926364

聪明人不会输给情绪

邓文庆◎著

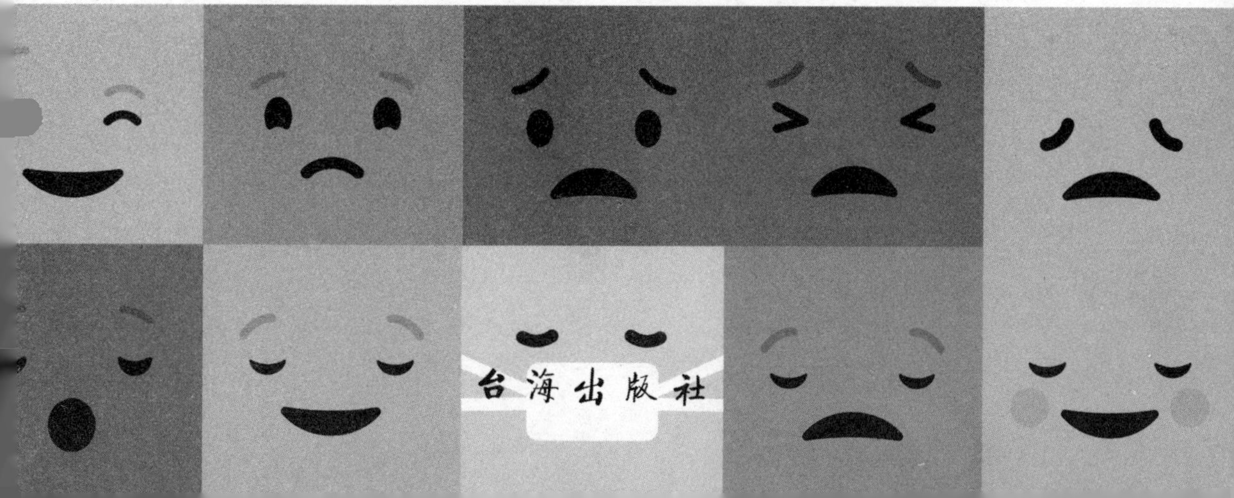

图书在版编目（CIP）数据

聪明人不会输给情绪/邓文庆著．—北京：台海出版社，2018.1

ISBN 978-7-5168-1698-1

Ⅰ．①聪…　Ⅱ．①邓…　Ⅲ．①情绪—自我控制—通俗读物　Ⅳ．①B842.6-49

中国版本图书馆 CIP 数据核字（2017）第 306687 号

聪明人不会输给情绪

著　　者：邓文庆

责任编辑：王　萍　　装帧设计：胡　椒

版式设计：赵彩英　　责任印制：蔡　旭

出版发行：台海出版社

地　址：北京市东城区景山东街 20 号　　邮政编码：100009

电　话：010-64041652（发行，邮购）

传　真：010-84045799（总编室）

网　址：www.taimeng.org.cn/thcbs/default.htm

E-mail：thcbs@126.com

经　销：全国各地新华书店

印　刷：香河利华文化发展有限公司

本书如有破损、缺页、装订错误，请与本社联系调换

开　本：710×1000　1/16

字　数：205 千字　　印　张：16

版　次：2018 年 1 月第 1 版　　印　次：2018 年 1 月第 1 次印刷

书　号：ISBN 978-7-5168-1698-1

定　价：36.80 元

前 言

约翰·弥尔顿曾说："一个人如果可以控制住自己的情绪，那么他就能胜过国王。"没错，情绪是变化多端的，很多人觉得它难以驾驭，但是对于那些善于掌控自己情绪的聪明人而言，即便他们无法像国王一样控制别人的生活，也可以建立一个属于自己的快乐王国。

人的情绪是与生俱来的，它与人形影相随，具有不可分割的紧密关系。情绪的实质是人的各种感受、思维及行动的综合反应，体现出人在受到外界刺激之后的心理和生理状态，比如高兴、哀伤、忧愁、愤怒等。人的种种情绪常与人的心情、性格等有着十分紧密的联系，可以说，情绪对人的生活和工作都有着较大的影响。

"股神"巴菲特在谈到自己的成功秘诀时，曾经总结说，自己的成功并非因为智商高超，而是因为他对情绪有非常出色的控制力。

此话一点不假，尽管情绪是与生俱来的，可是不同的调控方式，会让情绪爆发出不同的能量，造就截然不同的人生。一个懂得控制情绪的人，绝对不允许自己变成情绪的奴隶，而要始终去做情绪的主人。因为他知道，一旦情绪失控，所有的事情都将失去控制，这对于他来说是完全无法接受的。

情绪的多样性和多变性，决定了情绪是极难掌控的。即使只是产生了一丝一毫的情绪变化，却也可能令事情向着完全相反的方向发展。也许只是对待事情的情绪不同，就可能呈现出完全不同的人生境遇。这并非危言耸听，而是我们必须面对的残酷现实。

现代心理学已经证实，一个人的心态决定着他的情绪，而情绪又决定了他的人生能够达到何种高度。归根结底，一个人能够达成何种成就，很大程度上取决于他看待人和物的态度。

善于掌控情绪的人，对各种情绪的变化有着十分深刻的理解。即便在别人眼中“避之唯恐不及”的负面情绪，他们一样可以平和对待，并从中看到积极的因素，进而通过聪明的手腕让它们为自己创造正面的价值。这是一种能力，更是一种积累，要经过长期的历练和总结，才能达到这种境界。

本书内容丰富，语言精练，结构严谨，条理清晰，而且融入了许多颇具代表性的典型案例，相信读者在感受到舒适的阅读体验的同时，能够从中得到一些有益的启迪。

鉴于笔者水平有限，书中难免出现不足和遗漏之处，敬请读者斧正和指导！

编　者

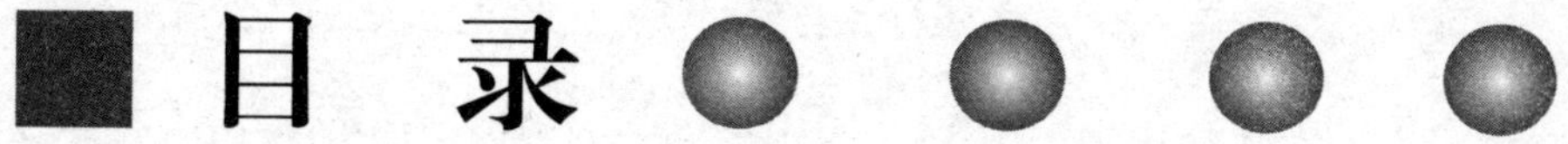

目 录

第一章

与情绪面对面，认识它的真实面目

情绪是与生俱来的，它与我们形影相随，时时刻刻陪伴我们的左右。许多人知道什么是高兴，什么是悲伤，以及许多不同情绪的表现方式。可是，大多数人并不知道情绪源于何处，也不知道情绪有哪些类型，更不知道情绪之于我们的身体有何意义。关于情绪，仍有许多未知的秘密需要我们去破解，只有看清情绪的真面目，我们才能更好地掌控它。

追本溯源：情绪源于何处

每个人都有情绪，每天都会被各种各样的情绪包围，然而，很多人并不知道自己的情绪源自何处，所以往往对自己的情绪产生错误的判断，以至于不知如何对待情绪。

在工作不顺利的时候，我们会觉得不满；当期待无法变成现实的时候，我们会颇感失落；看不清未来方向的时候，我们会感觉迷茫和忧伤；被工作和生活压得喘不过气来的时候，我们会觉得焦虑和不安……

上述这些时常出现的心理状态，就是我们常说的情绪。正是因为情绪的普遍性，所以它并没有引起人们足够的重视。直到 20 世纪 90 年代，科学家和相关的学者才开始对情绪进行专题研究。随着研究的不断深入，诸多学者对情绪产生了一种共识：情绪是人类通过身体表现出内心感受的各种状态的集合，比如高兴、哀伤、忧愁、愤怒等。在医学研究方面，则有这样一种说法：情绪和情感是人类身体的一种生物反应。综合各方的观点可以看出，情绪是人类的一种正常反应，它反映出的是人的心理状态。

那么，情绪究竟是由什么引起的呢？通常来说，情绪主要源于以下几个方面：

1. 生活中的巨大变故

我们的生活中难免会出现一些无法预料的变故，而这些突然出现的变故，往往是情绪的主要来源之一。通常而言，我们对巨大变故缺少应对的能力，所以有时候我们的身体会有不适的反应甚至发生疾病。比如说，我们突然中了500万大奖，自然欣喜若狂，接着可能会购置新车、新房，甚至过上一种完全不同的生活。这种巨大的变动，会让人产生新的需求并对生活产生新的期待，由此产生巨大的情绪变化。此外，还有许多变故会让我们产生情绪波动，如亲人去世、夫妻离异、身体受伤、失业下岗等。

2. 生活中的困扰和挫折

在生活中，我们总会遇到各种各样的困扰和挫折。比如说，上班挤公交车的时候被人踩了一脚，与人发生摩擦；工作中因为没有完成业绩，受到领导批评；参加公司年会的时候，不小心发生了一件糗事；等等。类似的事情发生时，我们难免会出现不好的情绪，心情也会变得低落，如果不能及时排解这些情绪，我们的生活将会受到极大的影响。

3. 遭遇重大的自然灾害

自然灾难是非常恐怖的，通常难以预料，人们也难以抵挡其破坏力。当自然灾难发生的时候，人们总会产生悲伤、忧虑等不好的情绪。不仅是亲历灾难的人，即便只是在电视、新闻上看到灾难场景的人，也会被自然灾害的巨大破坏力震撼，由此产生巨大的情绪波动。

4. 受到社会情绪的影响

随着社会的发展，人们的生存空间和生活压力越来越大，诸如收入与消费无法匹配、社会资源分配不均、健康状况不佳、生活质量下降等问题，对人们的情绪都会产生不小的影响，当社会上的大多数人都表现出同样的情绪，就会形成社会的共同问题。生活在一个充满情绪的社会中，人们很容易受到外界情绪的影响，从而产生与社会情绪相近甚至相同的情绪。

一个人情绪的产生，往往受到多种因素的共同影响，当诸多因素叠加到一起的时候，情绪的波动就会变得很大，对人的心理状态也会产生极大的影响。当然，这些引发情绪的因素中，有相当一部分是我们无法预测的，只有当情绪爆发的时候，我们才能通过分析找到引发情绪的深层原因，并找到其根源去掌控自己的情绪。

情绪小贴士

情绪的来源繁多而复杂，聪明人往往能够从繁杂的表象中看透其本质所在，这是他们能够轻松掌控情绪的原因所在。能够控制情绪，才能控制自己的人生。这种超强的控制力是聪明人能够取得成功的关键。

分类解析：情绪究竟分几种

人的情绪多种多样，想要尽数掌握每种情绪，确实是一项艰巨的工作。不过，每种情绪都是从基本情绪演化而来，掌握四种基本情绪，也就掌握了情绪的根本。

细分起来，人的情绪有多达数百种。想要一一认识和了解它们，并不是一件容易的事情。尤其是那些差别只在毫厘之间的情绪，我们更是难以分辨，各种情绪混杂在一起，才构成了一个完整的情绪体系。在复杂的情绪面前，任何一种语言都是苍白无力的，因为有些情绪并不会直接表露在外，只不过是内心的一点点波动而已，如果不去关注，很难发现情绪已经产生。

大体而言，人的情绪主要分为两大类：一类是基本情绪，另一类是复合情绪。基本情绪是人和动物所共有的，它们是先天性的，每一种基本情绪都有其独特的发生机制，并有各自不同的表现。复合情绪则是一种相对复杂的情绪，是多种情绪综合之后所呈现的状态。

在现代心理学中，快乐、愤怒、悲哀、恐惧四种情绪被看作基本情绪，它们都是单纯的情绪。

1. 快乐

在我们的愿望得以实现或是需求得以满足之后，我们的内心深处会产生轻松、满意的情绪体验。比如说，我们勤勤恳恳地工作，最终获得了良好的业绩，赢得了同事的认可，受到了领导的表扬时，快乐的情绪就会油然而生。

引发快乐的主要因素是个人的目标得以达成，体现了自己的价值。但是快乐的程度则与目标的大小、难易程度、所需精力、耗费的时间等因素有关。可以说，快乐时各种因素综合而来的一种情绪，对个人来说是一种十分美妙的体验。

2. 愤怒

由于外界事物对我们产生了过多的妨碍和影响，我们的愿望和目标受到了抑制，使得我们产生了挫败感和沮丧感，各种不好的情绪经过叠加之后，我们就会产生愤怒的情绪。

之所以愤怒，是因为我们无法按照自己的计划去实现目标、达成愿望。愤怒的程度则取决于阻碍的大小及消除阻碍的难易。

3. 悲哀

悲哀就是我们常说的悲伤，当我们失去自己喜欢的东西或是愿望破灭时，就会产生这种情绪。另外，当我们感觉失去自由、没有安全感或者是感觉到青春逝去的时候，也会感觉到悲伤。

4. 恐惧

我们在面临危险的时候，会很自然地产生恐惧的情绪，从根本上说，恐惧是一种逃避的情绪，是一种自保的方式。当恐惧的时候，常见的反应有退缩、回避等，伴随而来的表现有心跳加速、汗毛直立、浑身颤抖等。这些状况，是人规避伤害的一种本能反应。

在四种基本情绪之外，我们还有很多不同的情绪表现，虽然看起来都十分复杂，但是只要追本溯源，找到根本所在，那么对任何一种情绪我们都能进行准确的分析。再者说，情绪虽然多样且多变，但是归根结底它们都源自我们自身，只要我们想办法掌控自己，便能控制自己的情绪。一个聪明的人，总能平静地应对所有情绪，无论处于何种情绪状态，总能以良好的心态和方式去处理，让自己变成情绪的主人，而不是受到情绪的操控。

情绪小贴士

快乐、愤怒、悲哀、恐惧等情绪是人类的四种基本情绪，其他的各种情绪都可以从这四种情绪中衍生出来。只要能够认清和掌握人类的基本情绪，就可以从根本上掌握情绪的变化，了解情绪的类型。

找寻规律：了解自己的情绪变化周期

> 我们的情绪看似复杂多变，实际上也有其内在的变化规律，只要我们找准了自己的情绪变化周期，那么控制情绪就是轻而易举的事情。

我们已经知道，人的情绪有很多很多种，任何一种情绪，都在我们的生活中扮演着极其重要的角色。可是，由于情绪的复杂多样及变化多端，很多人都觉得情绪是随机出现的，并没有什么规律可言。事实真的如此吗？

相关专家经过研究之后发现，人的情绪其实也是有周期性的。就像大海潮涨潮落一样，人的情绪也是在高潮和低潮之间不断循环变化的。人的情绪周期又被称作“情绪生物节律”，它反映的是人体内部的周期性的张弛规律。

科学研究已经证明，人的情绪周期是天生就有的。也就是说，从我们出生的那一天起，情绪周期就已经存在了，它会伴随我们整个一生。很多时候，我们自己无法感受到情绪周期的变化和更迭，这是因为情绪的变化实在太多、太快，以至于我们无法准确辨别具体的界限范围。实际上，如果简单地将情绪分成“良好情绪”和“不良情绪”两大类，那么我们就能更加轻松和容易地识别自己的情绪周期。

通常而言，一个情绪周期大约会持续 28 天，并不断在“良好情绪”和“不良情绪”之间交替更迭。当然，即便在情绪周期内，两种情绪也会交替出现，只不过其中一种会在周期内占据优势，表现得更加强势一些而已。无论处于良好情绪的周期内还是不良情绪的周期内，我们都应该注意控制好自己的情绪。良好情绪占据上风的时候，要小心乐极生悲；不良情绪占据上风的时候，则要留神其巨大的破坏力。

那么，究竟如何在情绪周期内控制好自己的情绪，以减少情绪对我们的影响呢？

1. 辩证地看待情绪

无论哪种情绪，都具有两面性，我们应该运用辩证的眼光，一分为二地看待情绪。只有这样，才能做到全面地看待情绪，避免以偏概全的情况发生。

2. 保持身心健康

我们应该努力陶冶情操，增加自己的知识和见闻，以知识和品德滋养身心，如此才能获得积极的心态，以便更好地控制情绪。

3. 不苛求自己和别人

无论什么时候，无论遇到什么事情，都应该以宽容的态度去面对和处理，不为难自己，不苛求别人，才能得到好心情。

4. 用合理的方式宣泄

有情绪当然可以宣泄，但是一定要选择正确的方式，尽量做到既不伤人，也不伤己，才能算是掌控住了情绪。

5. 增加交际活动

多参加一些社交活动，与人多一些交流，试着从中结识一些志同道合的朋友，在需要宣泄情绪的时候，朋友总会在身边陪着我们。

6. 适当参加体育锻炼

运动能够舒缓身心的压力，在情绪极差的时候，进行一场酣畅淋漓的比赛，往往可以帮助我们摆脱不良情绪。

情绪周期表就像“晴雨表”一样，时刻提醒我们注意情绪的变化。通过它，我们可以掌握自己的情绪状态，以便好好利用情绪。在情绪好的时候，我们可以尽量多做一些事情，因为此时心理比较轻松，能够承受较大的压力；情绪不好的时候，我们则要尽量调整心态，争取平静地度过这个阶段，以恰当的态度去处理遇到的事情。

情绪小贴士

情绪的复杂和多变，让许多人觉得手足无措，总觉得难以找到应对和掌控的方法，实际上，情绪也有其固有的周期，掌握了情绪周期的规律以及某个周期内情绪变化的情况，我们就能更轻松地处理自己的情绪。

时刻留心：坏情绪具有极强的传染力

坏情绪一旦出现，就会像传染病一样迅速传播，不仅会对自己产生不良影响，也会给我们身边的人带来不好的影响。只有防患于未然，才能减少坏情绪对我们的影响。

在多米诺骨牌游戏中，推倒第一张骨牌之后，其余的骨牌就会以极快的速度顺势跟着倒下。这种连锁反应，被人们称作“多米诺骨牌效应”。我们的情绪也像多米诺骨牌一样，即便刚开始只是一个小小的情绪波动，也可能在一系列的反应之后，变成拥有巨大破坏力的坏情绪。一旦坏情绪酿成，那么我们所说的所有言语都会带着“毒刺”，让与我们交往的人深感不悦。

赵磊最近情绪不佳，他总觉得自己诸事不顺，好像所有的人和事都在和自己作对。

一天，他早早出门赶去上班，没想到遭遇堵车，等他赶到公司的时候，已经迟到了十分钟。更为不巧的是，总经理恰好正在巡视，他看到赵磊之后，脸上露出不高兴的神色，然后将赵磊喊到办公室“教育”了一番。赵磊心中虽然委屈，但也只能自认倒霉。毕竟迟到是事实，如果去强调堵车之类的客观因素，只会让总经理觉得是在找借口而已。

回到自己的座位之后，赵磊越想越不顺气，越想越觉得总经理对自己有偏见，因此情绪变得烦躁起来。这时，一个同事来到赵磊身边，要和他讨论一个策划方案。

赵磊不耐烦地说：“这个方案有什么好讨论的？前两天不是已经被否决了吗？”

同事尴尬地说：“我重新修改过了，咱们再讨论一下呗。”

赵磊烦躁地说：“我没时间跟你讨论，简直是浪费时间！”

听了赵磊的话，同事怏怏地走开了。

没过多久，部门经理招呼赵磊去他办公室，因为他和同事共同做的策划方案没有按时递交，他又受到了部门经理的批评。

这下，赵磊的情绪更加不好了，一整天都没精打采的，不想工作，也不想搭理别人，只是一个人闷闷不乐地想事情。

好不容易等到下班，赵磊心不在焉地踏上回家的路。上地铁的时候，有个人不小心踩到了赵磊的脚，赵磊的火气一下爆发出来。他冲着那人破口大骂，即便对方已经向他道歉，他依然不依不饶。对方忍受不了咒骂，于是开口还击，直至最后大打出手，双双被警察带到派出所。赵磊不仅没能早早回家，反而耽误了更多的时间。

赵磊的一系列遭遇，似乎可以归结为运气不好，但是从根本上来说，是他自己的情绪影响了他。如果在受到总经理批评的时候就能调整自己的心态，坦然面对自己遭遇的“不公”，那么之后的一系列事情或许就不会发生。

从中不难看出，我们的情绪确实具有“多米诺骨牌效应”，而要避免这种效应，最好的办法就是不让第一张牌倒下，也就是不给坏情绪影响我们的机会。因为一旦不能从源头消灭坏情绪，那么我们必将面临更加糟糕的情绪状态，这会给我们及身边的人都带来极大的麻烦和困扰。

一个聪明人，往往会在坏情绪刚刚出现的时候，就将其消灭在萌芽状态，以免受到更大的影响。想要成为别人眼中的聪明人，我们首先应该尽量控制自己的坏情绪，让自己成为情绪的主人。

情绪小贴士

一个小小的坏情绪，如果不加注意，就可能逐步演变成巨大的情绪波动，这就像“多米诺骨牌效应”一样，也与众所周知的“蝴蝶效应”具有相似的原理。聪明人往往会在坏情绪出现的时候就将其消灭在萌芽状态，这样就能让自己尽量多地处于良好的情绪之中。

钢铁卫士：情绪护佑我们的健康

很多人都知道，情绪不好的话，身体健康很容易受到影响。聪明人懂得控制情绪，这不仅能让自己感觉轻松，也能护佑自己的身体健康。

众所周知，情绪会对一个人的健康产生巨大的影响。这一点不仅仅是现代医学研究的成果，我国古代医学更是早就有了相应的结论——中医理论认为：喜伤心，怒伤肝，思伤脾，恐伤肾，忧伤肺。由此不难看出，当某种情绪过于频繁地出现时，就会对其对应的器官产生不良的影响。从某种角度上说，情绪是我们身体的报警器，一旦我们的身体发生某种不良变化，我们的身体健康就会出现极大的隐忧。

相关专家进行了多年的研究之后，对情绪做出了这样的阐述：情绪的变化会使生理方面相应地产生一系列的变化。比如，当我们感觉恐惧的时候，会出现瞳孔变大、脸色变白等情况；当我们高兴的时候，会出现手舞足蹈、满面笑容等情况。之所以会出现相应的生理变化，是因为我们的身体也需要适应外部环境的变化，这样才能和情绪保持协调。

良好的情绪对身心有益，但也不是多多益善，所谓物极必反，一定要保持适当的度；不良的情绪对身体有所伤害，如果长时间沉浸其中，

身体健康必然受到极大影响。可见，无论是良好的情绪还是不良的情绪，都要保持在一定的范围之内，这样才能最大限度地保护我们的身体。

在我国历史上，三国时期的诸葛亮和周瑜是非常著名的人物。他们两个都是当时的名士，才学出众，令人艳羡。可惜的是，两个人各为其主，只能为了各自国家的利益而争斗不休。最终，诸葛亮三气周瑜，令周瑜最终吐血而死。“既生瑜，何生亮”的经典话语也一直流传至今。

周瑜的死，和他的“小心眼”有着密不可分的关系。如果他能积极调整自己的心态，不去嫉妒诸葛亮，不因诸葛亮的计谋而恼怒，那么他就能为吴国做出更大的贡献。倘若他没有英年早逝，吴国的命运也许会有很大不同。

周瑜被情绪所扰，最终空留许多遗憾，诸葛亮虽然战胜了周瑜，可是最后也没能逃脱被情绪击败的命运。

刘备在世的时候，诸葛亮总是运筹帷幄、谈笑自若，给人一种超然世外的感觉。可是，在刘备去世之后，诸葛亮的心态却发生了很大的变化。他自知不能辜负刘备重托，所以对刘禅百般照顾，力图“复兴汉室”，然而，刘禅并非国君之才，朝中也无可用之将，面对这种窘境，诸葛亮只能勉为其难，几乎是凭一己之力去努力实现刘备的夙愿。

可是，一个人的能力毕竟是有限的。在巨大的压力之下，诸葛亮的身体状况越来越差，他本应好好调养，可是由于身负重任，他只能拼尽最后一丝力气去为蜀国征战，结果命殒征途之中。

诸葛亮的死，与他身负压力有极大的关系，他过分执着于刘备的重托，即便自知力有不逮，依然要勉力“复兴汉室”，结果落得“出师未捷身先死”的结局。倘若诸葛亮可以释放一下自己的压力，以轻松的心态面对生活，那他或许可以活得更长久一些，蜀国也就不会那么快灭亡。

周瑜和诸葛亮都是有大才的人，他们的才学非常人能比，可是在情绪面前，他们表现得都不够“聪明”，结果落得令人遗憾的结局。

我们应该明白，不良的情绪会给我们的身体带来伤害甚至是疾病，它们每时每刻都在侵蚀我们的身体，想要获得健康的身体，我们首先应该检查自己的情绪是否健康，因为从某种程度上说，健康的情绪是我们身体的守护神。

情绪小贴士

在现实生活中，很多人往往会忽略情绪与健康之间的关系，其实一旦细究起来，坏情绪对身体的损害不可谓不大。如果坏情绪太多的话，身体就会呈现某种不良的症状，告诫我们应该关注自己的情绪了。

情绪测试

不同的人，在遇到相同情况时，往往会做出大不相同的举动，这是因为每个人的情绪类型都有所差异，你属于哪种情绪类型？做一下下面的测试，你就可以找到答案。

题　目

请认真阅读下列各项问题，并根据自己的实际情况，选择最符合的一个答案。

1. 假如你有选择的机会，你更喜欢下列哪一种工作方式？

A. 与很多人一起工作并保持亲密接触

B. 与一部分人一起工作

C. 单独工作

2. 为了排忧解闷，你喜欢读哪类书？

A. 科幻、荒诞小说

B. 历史、社会问题小说

C. 史书、秘闻、传记

3. 你对恐怖影片有何看法？

A. 害怕

B. 非常喜欢

C. 无法忍受

4. 以下哪种情况与你的状况相符？

A. 喜欢听新闻，关注其他人的生活细节

B. 对熟人的生活比较关心

C. 一般不关心别人的事

5. 去外地的时候，下列哪项与你的想法相符？

A. 喜欢欣赏自然风光

B. 渴望多游览几个地方

C. 为亲人们的平安感到开心

6. 看电影的时候，你会哭或者感觉要哭吗？

A. 常有的事

B. 有时候会

C. 从来没有

7. 遇到朋友的时候，你常常会怎么做？

A. 拥抱他们

B. 微笑、握手和问候

C. 点头问好

8. 如果有一个令人厌烦的人想让你听他讲自己的经历，你会怎么样？

A. 真的感觉很有兴趣

B. 表现得颇有同感

C. 让他停下，去做自己的事

9. 你有没有想过给报纸的问题专栏投稿？

A. 想过

B. 可能想过

C. 绝对没想过

10. 如果有人问你涉及隐私的问题，你会怎么样？

A. 心中感到愤怒，拒绝回答

B. 尽管不高兴，可还是回答了

C. 平静地说出适合的话

11. 在咖啡店里喝咖啡的时候，你发现邻座的一位姑娘在哭泣，你会怎么样？

A. 问她是不是需要帮助

B. 想说些安慰的话，却不知如何开口

C. 换个离她很远的位子坐下

12. 在朋友家吃完饭之后，朋友和其爱人发生了激烈的争吵，你会怎么做？

A. 尝试为他们调解

B. 觉得不愉快，可是无可奈何

C. 马上离开

13. 送礼物给朋友的话，你会选择什么时机？

A. 全凭兴趣

B. 感觉有愧或忽视他们的时候

C. 仅在新年和生日的时候

14. 一个刚相识的人对你说了些恭维话，你会怎样？

A. 非常喜欢听，并开始喜欢对方

B. 感到窘迫

C. 谨慎地观察对方

15. 如果家中发生了令你不快的事情，上班的时候你会怎么样？

A. 依旧感觉不快，并将情绪表露在外

B. 努力克制情绪，可是仍会压不住火气

C. 全身心投入工作，将不快的事情放到一边

16. 假如生活中的一个重要关系破裂了，你将怎么做？

A. 在短时间内会感觉十分痛苦

B. 尽管十分伤心，依然努力去过正常的生活

C. 无可奈何，但是只能从忧伤中脱离出来

17. 如果有一只迷路的小猫误打误撞地闯进了你家，你会怎么做？

A. 收养并细心地照料它

B. 想办法为它找个新主人，如果找不到就让它安乐死

C. 直接扔出去

18. 对于信件或纪念品，你的处理方式是怎样的？

A. 精心保存多年

B. 每隔两年清理一次

C. 刚刚收到就无情地扔掉

19. 你会不会因为内疚或痛苦而感觉后悔?

A. 会，而且后悔的情绪会持续很久

B. 偶尔会感觉后悔

C. 从来不会感觉后悔

20. 和一个十分害羞或紧张的人交谈时，你会有怎样的表现?

A. 认为逗引他说话很有意思

B. 感觉有些不安

C. 有些生气

21. 你喜欢哪个年龄阶段的孩子?

A. 年龄尚小，而且有点可怜巴巴的孩子

B. 能与人通过谈话进行交流，而且具有自己个性的孩子

C. 长大了的时候

22. 爱人抱怨你在工作方面花费了太多时间，你会怎么做?

A. 尝试着在家庭方面花费更多的时间

B. 对家庭和工作两方面的要求感到矛盾，但是依然尝试着令两方面更好地融合起来

C. 试着向爱人解释工作是为了整个家庭的利益，之后仍像以前那样花费大量的时间在工作上

23. 欣赏完一场非常精彩的演出之后，你会怎样做?

A. 竭尽全力地鼓掌

B. 跟着别人一起鼓掌，但是感觉十分不自在

C. 勉为其难地鼓掌

24. 当你得到一份母校出版的刊物时，你会怎么做?

A. 认真阅读，并细心保存起来

B. 读过一遍之后就扔掉

C. 看都不看就扔进垃圾桶

25. 在路上走着走着，看到马路对面有一个熟人，你会怎么做？

A. 走到对方面前去问好

B. 向对方招手，如果对方没有反应就继续往前走

C. 直接走开

26. 听说有一位朋友对你产生了误解,而且正在生你的气，你会怎么做？

A. 以最快的速度和他取得联系，并做出解释

B. 等待一个恰当的时机再进行联系，但是对误解的事情只字不提

C. 让朋友自己慢慢从误解中醒悟过来

27. 对于不喜欢的礼物，你的处理方式是怎样的？

A. 满怀热情地保存起来

B. 平时收起来，在赠送礼物的人来时再送出来

C. 立刻把它扔掉

28. 对于示威游行、爱国主义行动、宗教仪式等，你持何种态度？

A. 非常感动地流下眼泪

B. 感觉十分窘迫

C. 非常冷淡

29. 你有没有莫名其妙地感觉害怕？

A. 常常出现这种情况

B. 偶尔出现这种情况

C. 从来没有这种情况

30. 在做事情的过程中，下述几种情况中哪一种与你最相符？

A. 习惯于凭感情办事

B. 对自己的感情非常关注

C. 感情并不是重要，事情的结果是最重要的

计分方法

本测试的题目中，三个选项 A、B、C 分别按 3 分、2 分、1 分计分，将各题得分相加，得出总分即可。

测试结果

得分 30～50 分：说明被测者是理智型情绪。被测者通常不会因为什么事情而情绪激动，即便生气，也能及时克制自己的情绪。有些时候，由于对人或事反应过于平淡，会给人留下冷淡的印象。爱情生活相对单调，很难让另一半感受到炽热的爱情体验。

得分 51～69 分：说明被测者是平衡型情绪。被测者在冲动和克制之间，能够做到很好的平衡。即便有时遭遇极端困难的情况而产生冲动，也可以通过调整从冲动情绪中解脱出来。所以，通常不会与人发生争执，爱情生活非常和谐、轻松。

得分 70～90 分：说明被测者是冲动型情绪。被测者是非常看重感情的人，常常会因为感情而爆发情绪，情绪化程度相对较高。对于爱情，往往是来得快去得也快，如果没有遇到能够包容的人，通常很难维持一段长期的恋情。必须要说的是，重感情是一个优点，但是过于冲动则会伤害感情，所以应该适当克制自己。

当然，测试结果因人而异，在不同的环境和条件下，测试结果会有一些差异，并不能保证每个人的测试结果都准确无误。

第二章

控制愤怒，聪明人不会被怒火灼伤

愤怒是人之常情，也是一种极其难以控制的情绪表现。当它爆发的时候，会产生巨大的破坏力，不仅会伤害别人，也有很多人被自己的怒火灼伤，这种两败俱伤的结局，对任何人都没有好处。对于聪明人来说，控制怒火是一项人生的必修课，他们往往能将愤怒控制在自己的掌控范围之内，即便愤怒爆发，也有很好的方法进行挽回和破解。

愤怒伤害别人，也伤害自己

愤怒的情绪难以避免，而且威力巨大，如果任由愤怒爆发的话，不仅会给别人带去伤害，更会让自己尝到怒火燃烧的后果。

每个人都会在某个时间、某个地点产生某种程度的愤怒，这是人之常情。毕竟每个人都会有遇到挫折的时候，也会有被人激怒的时候。毫不夸张地说，愤怒是一种可怕的情绪，一旦让它脱离我们的控制，它不仅会伤害别人，更会伤害我们自己。

德国犯罪学家弗里德里克曾说："倘若愤怒的刺激足够的话，甚至可以让每个人都变成杀人犯，那些没有犯过杀人罪的人，并非因为他们具有强大的自制力，而是因为他们着实没有遇到过足够愤怒的情况。"由此可见，愤怒是一种多么可怕的情绪，一旦让它脱离掌控，它最可能带来的就是两败俱伤的后果。

在第二次世界大战期间，某一天，巴顿将军到医院去看望伤员。在这个过程中，巴顿将军发现了一名奇怪的士兵，他蹲在箱子上，而且没有丝毫受伤的迹象。这让巴顿将军十分诧异，于是问那名士兵："你为

什么住院?”士兵惊慌地答道：“我实在受不了了!”这时，医生急忙走过来向巴顿将军解释：“他患有急躁型中度精神病，已经第三次住院了。”

听了医生的话之后，巴顿将军大发雷霆，他把心中积压的怒火全部发泄在这名士兵身上——不仅抽打士兵的脸，还不断地对士兵大吼大叫：“我绝对不会让你这样的胆小鬼藏在医院里的，你简直是军人的耻辱，大大损害了军队的声誉!”吼完之后，巴顿将军悻悻而去。

过了一段时间，巴顿再次到医院看望伤员，没想到又发现了一名没有受伤而住院的士兵。他脸上阴郁地质问那名士兵：“你到底生了什么病?”士兵从没见过如此愤怒的巴顿将军，早就吓得哆哆嗦嗦，他结结巴巴地答道：“我得了精神病，只能听到炮弹从头顶飞过，却听不到炮弹的爆炸声。”巴顿将军怒不可遏地吼道：“你这个胆小鬼，简直是整个集团军的耻辱。你必须立刻返回战场参战，我真该枪毙了你!”这名士兵像之前那名士兵一样，也挨了巴顿将军的一记耳光。

很快，艾森豪威尔将军就知道了巴顿将军的所作所为，他对此评价说：“这样看来，巴顿已经达到巅峰了……”

艾森豪威尔将军的话意味深长，而巴顿将军也确实没能得到晋升的机会。

在战场上，巴顿将军绝对是一个优秀的指挥官，其作战才能算得上凤毛麟角，所立的赫赫战功也非常人可以媲美。然而，他恣意爆发的愤怒却毁掉了他的前程。面对心理有疾病的士兵，巴顿将军应该去安抚和慰问，可是他不仅随意发泄怒火，更用打耳光的方式来惩罚士兵，这是对士兵的不尊重，更有损大将的威严。

在法制节目中，我们经常会看到一些犯下重罪的人，当他们回想犯罪经过的时候，除了表达悔意，还有很多人表示“当时大脑一片空白，一生气就下手了”，这就是典型的被愤怒控制的案例。在盛怒之下，他们不仅伤害了别人，更亲手将自己送进了监狱。这种损人不利己的事情，还有多少人在做呢？

事实已经不止一次地向我们证明，愤怒会给别人及自己带来巨大的伤害，可是有些人依然不知道吸取教训，不懂得控制自己的怒火，这绝非聪明的做法。一个聪明人，应该具有掌控愤怒的能力，要做愤怒的主人，而非愤怒的奴隶。

情绪小贴士

足够愤怒的话，任何人都有变成杀人犯的可能，这听起来似乎耸人听闻，可是现实中因愤怒而犯下罪行的事例并不在少数。我们为图一时之快而发泄的怒火越多，可能遭受的伤害就越大。

明智的人不会轻易愤怒

愤怒的时候，人们往往会失去理性的判断力，继而做出一些冲动的行为，结果造成了更大的影响和伤害。为了避免发生这种情况，最好在愤怒降临的时候控制住自己，浇灭自己心中的怒火。

愤怒的情绪会让人丧失理智，如果任由怒火迸发，往往会给我们带来巨大的伤害。这并非危言耸听，细心观察就不难发现，在我们的身边，总有一些因为愤怒而引发的事件，给当事人带来了不好的影响，甚至造成一些损失。

其实，每个人在生活中都会遇到一些令自己感觉愤怒的事情，如果大家都不去控制自己的情绪，那么我们生活的环境将会变成什么样子呢？一个明智的人，即便遭遇愤怒的事情，也不会轻易地发泄自己的怒火，因为发怒不仅无助于解决事端，还会让自己遭受愤怒的折磨。

李娜在一家孤儿院做义工，为了抽出更多的时间陪伴孩子，她每天做事情的时候都风风火火的。

一天，李娜想去给孩子们买些东西吃。没想到，她刚从孤儿院大门走出来，一个高大的男人就撞了她一下，把她的眼镜撞掉在地上。

不承想，李娜还没来得及开口责问那男人，男人倒先开口责备起李娜来："走路不长眼啊，走这么快干吗？"

李娜想到自己走路确实有些快，于是压住自己的火气说："这不是着急吗？再说了，这也不能全怪我啊，您不是也没注意我吗？您看您把我眼镜都撞掉了。"

"谁让你戴眼镜的？撞掉了活该！"那男人越发嚣张起来。

李娜的怒火顿时烧到了头顶，可是一想到需要照顾的孩子，她的心态又恢复了平静，于是微笑着对那男人说："算了，算了，反正也没摔坏。我想您肯定也有急事，不耽误您的时间，您赶紧忙您的去吧！"

那男人一见李娜这种态度，脸顿时红了起来，他有些不好意思，忙向李娜请教如此淡定的原因。

李娜脸上依然挂着微笑，说："事情已经发生了，无论再怎么生气也无法改变既成的事实。如果我和您大吵一架，甚至大打出手，或许能暂时发泄一下怒气，可是又会产生很多后续的问题，比如受伤之类的情况，那样造成的伤害更大。所以呢，还不如就此打住，不给愤怒继续蔓延的机会。而且咱们两个撞在一起，我肯定也有一定的责任，既然自己也有错，就不能把所有的过错全都归咎于您。这样想一想，我就觉得没有生气的理由了。”

听了李娜的话，那男人觉得十分愧疚，连连向李娜道歉。

几天之后，李娜所在的孤儿院收到了一笔捐款。而且这笔钱就是撞到李娜的那个男人捐的。原来，当他知道李娜做义工的事情之后，也希望为孤儿们做一些力所能及的事情，于是就给孤儿院捐了一笔款。

面对出言不逊的男人，李娜保持了克制，并通过自己的言行获得了男人的理解，得到了男人的道歉，不仅如此，男人还为孤儿院捐款。可以看出，李娜情绪控制的能力是很强的，即便在怒火中烧的情况下，她依然可以平静地分析和应对自己的情绪变化。

一个明智的人，通常不会轻易发泄怒火，因为发泄之后的局面，往往更加难以把控。与其变得更加困扰，倒不如在被怒火冲昏头脑之前便打消发泄的念头。

情绪小贴士

如果真的遇到不开心的事情，即便发火又有什么用呢？这样只会给自己的身心带来更大的伤害而已。要知道，人生中还有很多美好的东西值得我们去欣赏和拥有，聪明人不会被愤怒蒙住眼睛，将精力浪费在愤怒上是得不偿失的。

发怒之前，给自己一个冷静的机会

愤怒的情绪人人会有，愤怒的火焰也会不时喷发，这是人之常情，确实无可厚非。但是，聪明人往往懂得克制自己，总会在发怒之前给自己一个冷静的机会。

愤怒是一种十分普遍的情绪，每个人都会在某些时刻与它不期而遇。其实，愤怒的情绪并不可怕，可怕的是因为愤怒而采取了错误的行动。一旦被愤怒控制，毫无节制地发泄怒火，非但不能缓解积压的精神压力，反而会造成更加严重的后果。

当愤怒的情绪出现时，有很多种不同的应对方式和处理手段，破口大骂是一种宣泄怒火的方式，努力克制自己也是一种很好的手段。尽情发泄虽然能够疏导情绪，但其整体效果并非最佳。对于聪明人而言，最好的应对方式就是冷静下来，用理智战胜愤怒。

伍德赫尔是一家上市公司的总经理，他有一种十分独特的发泄怒火的方式，这种方式他已经用了很长一段时间，每次都是屡试不爽。

伍德赫尔年轻的时候，曾在一家不算很大的公司任职，那时他的职位还很普通，在公司的地位也很低。工作了一段时间之后，他开始对自己的处境感觉不满，认为自己受到了公司不公平的待遇，始终没有升迁的机会。伍德赫尔的情况很多人都曾遇到，只是他的感觉更加强烈一些而已。有段时间，伍德赫尔感觉自己快要被逼疯了，他觉得自己必须离开这家公司，只有这样才能抒发自己的愤怒情绪。

经过一段时间的煎熬之后，伍德赫尔决定辞职，他在辞职信中阐述了自己辞职的原因以及对公司制度及相关领导的种种不满。虽然他的语言相对婉转，文笔也算不错，可是字里行间都充斥着他的愤怒，似乎每个字都散发着愤怒的气息。写完辞职信之后，伍德赫尔感觉心情好了一些，于是他去找自己的朋友喝酒，在闲谈中向朋友说起了自己的辞职信。

朋友听完伍德赫尔的描述之后，告诉伍德赫尔不要急于递交辞职信，让他回家之后拿出另一张纸，写下公司及同事的优点，并罗列出自己的计划和远景目标。

伍德赫尔回家之后，按照朋友的话做了该做的事情。他将自己写的两份东西进行了对比，这才发现公司和同事原来并不像自己想象的那么差劲。

从此以后，每当伍德赫尔遇到愤怒的事情，他总会拿出一张纸，写下令自己愤怒的事情和原因，然后冷静地分析一下，以避免在第一时间发泄怒火。通过这个手段，伍德赫尔变得越来越有自制力，他总能轻松地控制自己的情绪。从那以后，他成为一个颇受欢迎的人。

随着时间的推移，伍德赫尔的职位变得越来越高，可是原来的小公司已经无法体现他的价值，于是他在现在的公司找到了一个适合自己的职位。

任何一个难以控制自己情绪的人，都注定无法掌控自己的人生。愤

怒的情绪不仅会影响个人的心态，也会给身边的人带来诸多的烦恼。发怒的时候，人们往往无法进行理性的思考，所以会做出许多事后让自己后悔的决定和行动。想要改变恣意发泄怒火的毛病，关键并不在于迅速做出决断，而在于保持冷静的头脑。在发火之前，试着给自己一个冷静的机会，让大脑尽快冷却下来，以理智代替愤怒，就能做出对自己、对别人最为有利的选择。

情绪小贴士

哪怕只有片刻的冷静，也能为浇灭怒火立下汗马功劳。许多人未曾注意到这一点，或是即便注意了也很难做到。可是聪明人往往能在紧要关头让自己冷静下来，进而以更加冷静的方式面对一切。也许只需要几秒钟的时间冷静，而这几秒钟恰恰是关键的分水岭。

沉默可以浇灭怒火

面对猛烈燃烧的怒火，很多人会觉得手足无措。其实，最简单也最有效的方式就是沉默不语。所谓“一个巴掌拍不响”，你的沉默会让愤怒失去发泄的对象，怒火自然就会灭掉。

心理学的相关研究表明，人与人之间的沟通有九成以上是通过非语言的方式进行的。朱自清先生也曾说过：“沉默是最安全的防御战略。”可见，沉默是一种十分必需和良好的沟通及自我保护方式。当我们感觉愤怒的时候，不妨用沉默的方式来应对，这样既不会伤害别人，也不会伤害自己。

在现实生活中，总有许多让我们不快的事情发生。面对自己的愤怒，很多人选择以质问、咒骂的方式来宣泄，怒火中烧的人甚至会拳脚相向，乃至于害人性命。待平静下来，回想起自己所做的一切，很多人会感觉后悔不迭，明明只是鸡毛蒜皮的小事，当时怎么就那么愤怒呢?

分析一下，不难发现，现代人的各种压力都很大，使得很多人长期陷于精神紧绷的状态，这种情绪长期得不到发泄，于是越积越多，好不容易遇到一个发泄的机会，人们就会将所有的不良情绪一股脑地宣泄出来，这才出现了因小事而大发雷霆的情况。

丽娜和华强是一对十分恩爱的情侣，他们已经交往了三年多，双方都有组建家庭的想法。可是，他们无力承受高昂的房价，虽然已经在城市打拼了四五年，依然无法买到一套属于自己的房子。

华强很想给丽娜幸福的生活，但又觉得力有不逮，所以精神压力很大。丽娜倒是对房子之类看得不重，她觉得两个人在一起，只要幸福快乐，其他方面都不是很重要。因为观点的不同，两个人在某些事情上的做法也就不太一样。一天，两个人因为一套衣服又产生了一些争执。

事情是这样的：华强的一套西服已经穿了好几年，显得有些陈旧，在他生日那天，丽娜花几千块钱帮华强买了一套新西服，想让他高兴高兴。

没想到，华强一听说一套衣服几千块钱，就觉得丽娜是在乱花钱，

于是冲丽娜嚷道："花那么多钱买它干吗？咱们应该尽量节省一些，好早点买房结婚，这么大手大脚的，什么时候能攒够钱？"

丽娜觉得委屈，便回应了一句："又不是天天买，一套衣服穿好几年呢！"

听丽娜说得这么云淡风轻，华强有些愤怒了："怎么？还想天天买？那得多少钱够你花啊？我看你是不想跟我好好过日子了！"

听了华强的话，丽娜更加委屈了，可是她知道，如果跟华强争吵下去，对双方都没什么好处，于是她沉默不语，继续听华强"数落"。华强喋喋不休地说了一阵子，见丽娜没有任何反驳的意思，也就不再多说了。

待华强发泄完，丽娜才开口说话："华强，我知道你的压力很大，很想给我幸福的生活，但是对于我来说，能跟你在一起，就是最大的幸福。你看看你身上的西服，都旧成什么样了？穿着这样的西服，别人会对你产生不好的印象，这样对你开展工作不利，如果你的工作都做不好，又怎么能挣更多的钱呢？这套新西服是一种投资，能让你赢得客户的好感。"

正是因为丽娜一直没有反驳华强的话，这让华强的愤怒消减了不少，加上丽娜的话确实有道理，是为华强考虑，这让华强觉得丽娜是真心为自己好。自从这件事发生以后，他对丽娜的感情不仅没有因为愤怒而减少，反而比之前更加浓厚了。

在美国加州大学的心理学教授古德曼看来，"没有沉默就没有沟通"。在沟通过程中，沉默是不可或缺的一种手段，尤其在爆发愤怒情绪的时候，适当的沉默可以给双方缓和的机会，为自己赢得更好的印象。试想一下，如果一个人以愤怒的态度不断指责你，你也以相同的方式指责他，两个人不断争吵，最后的结局只可能有一个，那就是两败俱伤。如果可以保持沉默，给自己和对方思考的空间，矛盾就会比较容易解开了。

情绪小贴士

都说沉默是金，这句话可谓无可否认的真理。不要觉得沉默就代表懦弱和退让，其实它蕴含着巨大的力量，而且能够展现一个人的宽广胸怀。愤怒爆发的时候，沉默不语，那就不会引起争吵，可以避免引发更大的矛盾和更加激烈的冲突。

怒而不言，幽默让“冷战”烟消云散

“冷战”爆发的时候，如果话语不周，就可能引发更大的矛盾，让双方陷入更长时间的对立之中。而聪明人不会遇到这样的难题，因为他们懂得用幽默打开对方的心扉。

某些情况下，当愤怒不可避免地发生时，冲突的双方自然会进入一种相互对立、互不相让的状态。一旦发生这种难以处理的情况，对于双方而言都是一个难解的谜题。

倘若主动认错，就意味着是在向对方承认自己的错误；倘若置之不理，双方的“冷战”就要继续打下去，这对双方而言都没有任何好处。情绪的对立会让人变得紧张而敏感，沟通的难度也会比平时更大一些。想要化解“冰冻”的局面，幽默的语言是非常好用的“解冻剂”。

亨利和玛丽在一起已经有四五年的时间了，两个人从如胶似漆的初恋阶段，已经走到了谈婚论嫁的阶段。两个人可谓是心有灵犀，当亨利向玛丽求婚时，玛丽便立刻接受了。

为了构筑幸福的爱巢，两个人一起四处奔波，粉刷房屋、购置家具，还要拍婚纱、准备请帖，简直忙得不亦乐乎。

然而，或许是因为需要操心的事情太多，两个人的精神压力变得越来越大，所以情绪或多或少地出现了一些波动，两个人的沟通和交流出现了一些问题。

一天，他们两个因为一件小事发生了争执，两个人互不相让，最终演变成了一场“冷战”。三天的时间里，两个人互不搭理，没有丝毫交流，很明显，玛丽还在生气。眼看着婚期将至，亨利有些坐不住了。

第四天早上起床之后，亨利自顾自地翻箱倒柜地找东西，他四处寻找，却一无所获，可是即便找不到，他依然没有向玛丽求助。看着亨利把整洁的房子翻得满地狼藉，玛丽更加气愤了，她冲亨利喊道：“你在那儿找什么东西呢？房子都要被你翻得底朝天了！”

玛丽刚刚说完，亨利便哈哈大笑起来：“亲爱的！找的就是你的这句话啊！这下总算是找到了！”说完，亨利冲玛丽做了鬼脸，满脸都是爱意的表达。

玛丽这才搞懂亨利为何会有那样的举动，情不自禁地笑了起来。她走到亨利身边，轻轻地在亨利身上捶打了几下，之后便将头靠在了亨利的肩膀上。“冷战”就这样结束了，两个人总算雨过天晴、和好如初了。

面对焦灼和紧张的情况，亨利选择了一种风险最小、最能打动人心的方式——幽默，与玛丽进行互动。事实证明，这种手段所起的效果很好，不仅让玛丽喜笑颜开，也加深了两人之间的感情。

愤怒的情绪是可怕的，一旦爆发，很可能造成难以挽回的损失。在怒火燃烧之前将其浇灭，自然是损失最小的应对方式；一旦怒火已经烧起，甚至已经给双方带来了伤害时，幽默则是化解冰冷关系的最佳手段。

所以说，如果你想成为一个聪明人，不仅要懂得掌控愤怒，还要学会化解愤怒，这样才能游刃有余地处理每一种情况，轻松自在地游走于社会之中。

情绪小贴士

情绪的爆发具有偶然性和突然性，很多时候，我们在不知不觉间就会惹恼对方，使得对方不愿继续与我们进行交流。想要破解这种窘境，幽默的语言和手段是极好的选择之一，用笑声化解矛盾，往往能够取得出人意料的好效果。

忍让是一种宽大的气度

忍让并非懦弱，而是一种美好的品德，是一种难得的气度。所谓“宰相肚里能撑船”，真正能成大事的人，往往都有极大的气量。

我们常说这样一句话：“忍一时风平浪静，退一步海阔天空。”这句话可谓至理名言，其教育意义至今依然散发着耀眼的光芒。

人生在世，难免会遇到一些让人觉得无法忍受的事情，比如尊严受到践踏、理想被人轻视等，当一些与尊严及人生价值有关的东西被触及时，我们总会变得十分敏感，一旦放纵自己的情绪，我们就可能被愤怒掌控，变成它伤人伤己的傀儡。

面对别人的挑衅和伤害，愤怒会油然而生，这是情绪的变化使然，我们没有任何办法制止其发生，但是，当我们感受到自己的情绪发生了变化，感觉到怒火正烧遍自己的全身时，我们可以选择以正确的方式去应对这种情绪。在某些时候，忍让是一种极好的选择，它不仅可以彰显我们的宽大气度，更能避免一些让人无法接受的情况发生。

皮特刚刚从大学毕业，进入一家公司任职。他的学历虽高，但是实际经验不足，因此只能从基层做起。

皮特并没有因为职位不高而气馁，他相信通过自己的努力，一定可以得到晋升的机会。因此，他总是不断地向前辈们请教，积极地学习课本上学不到的东西，努力积累经验。这一切，皮特的经理都看在眼里。

经理觉得皮特是一个可塑之才，所以总会想方设法地打磨他。一天，皮特给经理提交了一份调查报告。这份报告并不是经理要求皮特做的，而是皮特根据自己的工作情况，利用业余时间做的分外工作。

皮特本以为经理会表扬自己，赞赏自己认真工作的精神。可是经理仅仅看了一眼报告，就让皮特接着去忙自己的工作，连一句赞扬的话都没有。皮特心中略觉失望，但他没有因此而懈怠工作。

过了两天，经理将皮特叫进自己的办公室。桌子上放着的正是皮特做的调查报告。

“这份报告我看了，我肯定你的敬业精神，但是更要说说你的不足之处。这份报告的调查人数太少，并不具备足够的说服力，所以，对于这样的调查结果我并不认可。”经理对皮特说。

“可是，我已经调查了数百人，对我来说，这已经很不容易了。”皮特辩解道。

“我当然知道对你来说不容易，但是做事情总要做到最好，不然做了跟没做一样。”经理提高了调门。

皮特不再辩解，默默地拿起调查报告走了出去。之后，他又在更大的范围内进行调查，并做了新的调查报告。这一次，经理认可了调查的说服力，却又提出了性别比例差距太大的疑问。皮特只好再次进行调查，可是每一次经理都能找出调查报告的不足。

面对难缠的经理，皮特的情绪变得非常不好，他不止一次地想要冲着经理发火，甚至连辞职的念头都一次又一次地出现在脑海中。不过皮特并没有发怒，他始终告诉自己，经理是自己的领导，提出问题是正常的，并非故意刁难自己。终于，在经过五次调整和重新调查之后，经理对皮特露出了满意的笑容。

皮特的工作终于得到了认可，他感到十分欣慰。经过这件事情之后，经理对皮特的表现十分满意，于是，当经理升职为总经理的时候，他提名让皮特接替了自己的经理职位。对于皮特，经理这样评价："其实皮特的调查报告都做得不错，我之所以刁难他，是希望看看他能否控制自己的情绪，会不会因愤怒而迷失自我。他不断忍让，积极工作，这说明他具有极大的气量，而宽大的气度是一名领导者必须具备的素质之一。"

皮特一再忍让，并非因为畏惧经理的权力，而是出于对自己的要求严格，否则他早就一怒之下辞职了。倘若他没能控制自己的怒火，又怎么会被经理欣赏，进而坐上经理的位置呢？

"负荆请罪"的故事人尽皆知，试想，如果蔺相如不愿忍让，非要和廉颇一争高下，那么最终受到损害的除了他们自己，肯定还有他们的国家。在很多人看来，忍让是一种怯懦的表现，自己的懦弱只会让对方变得更加嚣张和肆无忌惮，对自己没有任何好处。只能说，这种观点是十分片面的，忍让是一种美好的品德，能够化干戈为玉帛。

情绪小贴士

任何人都无法避免愤怒情绪的出现，但是不同的人会有不同的应对方式。但凡是个聪明人，绝对不会恣意发泄怒火，以免怒火灼伤别人和自己。通常而言，忍让是他们的优先选择，这个选择会为自己的形象加分，赢得更多的人心。

情绪测试

情绪的构成是一个十分复杂的体系，在不同的时间，不同的地点，情绪都可能出现不同的变化，通过这个测试，可以帮助被测者了解自己的情绪状况。

题 目

请认真阅读下列各项问题，并根据自己的实际情况，选择最符合的一个答案。

1. 看到自己最近一次拍摄的照片，你有何想法？

   A. 感觉很好

   B. 感觉还算不错

   C. 感觉不满意

2. 你有没有想过若干年后会发生一些让自己感到不安的事情？

   A. 从没想过

   B. 偶尔想过

   C. 常常会想

3. 你有没有被朋友、同事或同学起绰号或挖苦的经历？

   A. 从来没有

   B. 这样的经历不多

   C. 经常发生这样的事

4. 你上床之后，会不会再起来一次，检查门窗是否关好、水龙头是否拧紧等？

A. 从来没有

B. 偶尔为之

C. 经常如此

5. 对于与你关系最密切的人，你是否感到满意？

A. 十分满意

B. 基本满意

C. 不满意

6. 夜半时分，你会不会想到什么感觉恐惧的事情？

A. 从来不会

B. 很少想到

C. 经常想到

7. 你会不会因为梦到可怕的事情而突然惊醒？

A. 从来不会

B. 很少惊醒

C. 经常惊醒

8. 你有没有过多次做同一个梦的经历？

A. 从来没有

B. 记不清楚

C. 有

9. 有没有什么食物会让你吃后呕吐？

A. 没有

B. 记不清楚

C. 有

10. 除了眼睛能够看到的外在世界，你的心里还存在另外的世界吗？

A. 没有

B. 说不清楚

C. 有

11. 你脑海中有没有“我不是现在的父母所生”的念头？

A. 从来没有

B. 偶尔有

C. 经常有

12. 你有没有过有一个人爱你或尊重你的感觉？

A. 从来没有

B. 说不清楚

C. 有

13. 你有没有过这样的感受：你总觉得家庭成员对你不好，可是实际上你很清楚地知道他们对你很好？

A. 从来没有

B. 偶尔有

C. 经常有

14. 你是不是觉得没人非常了解你？

A. 不是

B. 说不清楚

C. 是的

15. 早上起来之后，你最常有的感受是什么？

A. 快乐

B. 说不清楚

C. 忧郁

16. 秋天来临的时候，你经常有什么样的感受？

A. 秋高气爽或艳阳天

B. 说不清楚

C. 秋雨霏霏或枯叶遍地

17. 你在高处的时候，有没有站不稳的感觉？

A. 经常有

B. 有时有

C. 从来没有

18. 你一般是不是感觉自己很强健？

A. 是的

B. 说不清楚

C. 不是

19. 你会不会一回家就立刻把房门关上？

A. 不会

B. 偶尔会

C. 会

20. 你坐在小房间里把门关上之后，会不会觉得心里不安？

A. 不会

B. 偶尔会

C. 会

21. 当一件事需要你做出决定时，你会不会觉得很难？

A. 不会

B. 偶尔会

C. 会

22. 你会不会用抛硬币、翻纸牌、抽签之类的游戏来预测凶吉？

A. 不会

B. 偶尔会

C. 会

23. 你有没有发生过因为碰到东西而跌倒的情况？

A. 从来没有

B. 偶尔发生

C. 经常发生

24. 你是否需要一个多小时才能入睡，或醒得比你希望的早一个小时？

A. 从不这样

B. 偶尔这样

C. 经常这样

25. 你曾经有没有看到、听到或感觉到别人觉察不到的东西？

A. 从来没有

B. 偶尔如此

C. 经常这样

26. 你有没有觉得自己拥有超乎常人的能力？

A. 从来没有

B. 说不清楚

C. 经常如此

27. 你有没有过因有人跟着你走而心里不安的经历？

A. 从来没有

B. 说不清楚

C. 有过

28. 你是不是觉得有人在注意你的言行？

A. 不是

B. 说不清楚

C. 是的

29. 一个人走夜路的时候，会不会觉得前面暗藏着危险？

A. 从来不会

B. 偶尔感觉有危险

C. 经常感觉有危险

30. 对于别人自杀这件事，你有什么想法？

A. 不可思议

B. 说不清楚

C. 可以理解

计分方法

本测试的题目中，三个选项 A、B、C 分别按 0 分、1 分、2 分计分，将各题得分相加，得出总分即可。

测试结果

得分0～20分：说明被测者的情绪状态良好，具有很强的自信心，在美感、道德感和理智感等方面，也具有较强的感受力。这类人具有一定的社会活动能力，可以很好地理解并照顾大家的心情，是一个性格爽朗、很受人欢迎的人。

得分21～40分：说明被测者的情绪相对稳定，但是往往给人一种较为深沉的感觉。这类人常常以十分冷静的态度去思考问题和处理事情，给人一种十分冷淡的印象；他们并不善于发挥自己的特点，导致自信心多少受到了一点抑制，因此在做事情的时候难免有些迟疑不决。

得分41～50分：说明被测者的情绪状态不佳，需要及时进行一些调整。这类人或许是因为工作及生活中有很多的烦恼，所以集聚了很多的负面情绪，令自己始终处于紧张和矛盾的状态之中。

得分51分及以上：说明被测者的情绪状况已经到了十分糟糕的地步，需要寻求专业心理医生的帮助。对于这类人来说，负面的情绪已经对他们生活的方方面面产生了消极的影响，对他们的身心健康都是一种很大的威胁。

当然，这个测试结果因人而异，在不同的环境和条件下，测试结果会有一些差异，并不能保证每个人的测试结果都准确无误。

第三章

清除焦虑，聪明人善于自我“排毒”

对于现代人来说，焦虑情绪总是如影随形。也许仅仅是一件鸡毛蒜皮的小事，就会让人烦躁异常、焦虑不堪；有的时候，又会突然莫名其妙地提心吊胆，或是恐惧不安……各种焦虑的感受让人深感痛苦，而且一旦被它缠上，就像陷进沼泽一般，越是挣扎，陷得越深。难道对它就真的束手无策了吗？当然不是，聪明人都善于自我调节，减少焦虑产生的影响。

想得太多，会引发焦虑情绪

> 很多时候，人们的焦虑情绪往往来源于想得太多，因为想法过多，大脑出现了紊乱的状态，当大脑无法处理所有的想法时，自然会感觉不堪重负，情绪便会出现极大的波动。

思考会让人的头脑变得更加灵活，拥有更多的智慧。可是，一旦思考过度，大脑就会被各种思想填满，很容易出现思想紊乱的情况，当出现紊乱的情况时，大脑便无法迅速处理信息，进而引发焦虑的情绪。

有些时候，别人随便说的一句话，可能会让我们想很久、很多，总是担心这句话是不是有什么“弦外之音”，当我们不断思考这句话的含义，并猜想对方可能表达的意思却无法得到答案时，很容易就会变得心烦意乱。其实，大多数时候对方只是在陈述自己的观点而已，并没有什么言外之意。人们常说“说者无心，听者有意”，听者的想象往往是给自己造成困扰的根本原因。

在生活中，有些人总是喜欢夸大一些事情，遇到问题的时候总觉得大到无法解决，实际上只要保持耐心，总能将它解决，那些所谓的无法解决的问题，不过是一些虚幻的纸老虎而已。

罗斯还在上学的时候，常常受到睡眠问题的困扰，他总是觉得晚上无法入睡，即便尝试了很多种不同的方法，而且向专业医生进行了咨询，可他依然会有睡眠时间太短的情况。

但是罗斯慢慢发现，即便晚上的睡眠时间很短，第二天他也不会感觉疲惫或是精力不足。经过认真的总结和分析之后，罗斯觉得自己并不需要像别人一样睡那么久，只要很短的时间，他就能够恢复精力，于是他不再为无法入睡和睡眠时间太短而感觉困扰。

晚上睡不着的时候，罗斯不会强迫自己入睡，也不会胡思乱想，他选择从床上爬起来，抓紧时间读书和学习。这样一来，他反而比别人多了很多学习的时间。结果令人大感意外，他不仅没有因为睡眠少而身心疲惫，而且学习成绩总是名列前茅。

许多有失眠问题的人向他请教，想知道长期睡眠不足对他的身体有没有产生什么影响。他说：“我的身体一直都很棒，虽然睡眠少，可是我精神充沛，积极向上，并没有因为睡眠问题而担忧过。我总对自己说，既然睡不着，那倒不如起来学习，既可以增长知识，又不会被焦虑困扰。”

罗斯是这样说的，也是这样做的。在很多人看来十分困扰的睡眠不足问题，对于罗斯来说则是一种优势，因为他比别人拥有更多的时间，这让他更有机会获得成功。

罗斯遭遇了睡眠不足的问题，可是他不但没有深陷其中无法自拔，反而将它变成了一种优势，获得了比别人更多的学习时间和更好的学习成绩。试想一下，如果罗斯没有认识到自己不需要长时间的睡眠，而是因睡眠问题而焦虑不堪，他还能保持那么好的精神状态吗？还能获得那么好的学习成绩吗？

明明是一件没必要多想的事情，如果你非要思前想后，那就是在跟自己较劲，是一种作茧自缚的行为。长期处于这种状态，很容易变得焦躁不安，身心都将受到消极的影响。所以说，尽量不要让自己陷入“想太多”的麻烦之中，因为那只会给自己平添烦恼，增加焦虑情绪。快乐是可以创造的，保持平和的心态，认真对待生活中的人和事，该放下的放下，该看开的看开，自然不会受到焦虑的侵扰，生活才会变得多姿多彩。

情绪小贴士

有些人似乎总是喜欢疑神疑鬼，这可能是因为他们不够自信，总担心别人对自己有所不满。实际上，想再多都没有用，倒不如踏踏实实做些事情，尽量弥补自己感觉不足的地方，这样才是获得别人认可的好办法。

缺憾也是一种美，不必过度苛求完美

对于完美的追求，应该适可而止，过度苛求的话，只是在给自己增添无谓的麻烦，当你可以接受缺憾并审视它独特的美感时，便不会受到焦虑的侵扰。

在这个世界上，有很多追求尽善尽美的人。追求完美并没有错，但是如果纠结于无法获得完美的效果，进而产生焦虑的情绪，那就有些得不偿失了。

要知道，缺憾也是一种独特的美，正是因为有了缺憾，人生才会真实而丰满。如果不切实际地去追求所谓的“完美”，那么就很可能掉进它的陷阱之中，最终被焦虑和烦躁缠住不放。

对于任何一件事情，我们都应该追求适可而止的境界，倘若过分地追求完美，反而可能影响到我们最初的追求和目标。更有甚者，有时可能给自己带来巨大的麻烦。

有一个雕刻家，他对自己的要求非常苛刻，总是希望自己的作品能够尽善尽美。当然，他的技术也确实十分精湛，雕刻出的作品总是栩栩如生，一般人很难分辨出真伪。

有一天，他得知了自己将要死去的消息，感觉十分恐惧，毕竟他也是一个常人，对死亡同样充满了恐惧。他冥思苦想了几天，终于想到了一个躲避死神的好办法：他夜以继日地雕刻出十尊与自己一模一样的雕像，想要迷惑死神。

在死神来敲门的时候，雕刻家藏身于雕像之中，屏住呼吸，死神竟然真的无法辨别哪个才是真正的雕刻家。无奈之下，死神只好向上帝求助。上帝听完死神的叙述之后，在死神耳边小声叮嘱了一番。

死神脸上露出了疑惑的神情：“这样真的有效果吗?”

上帝笑着回答：“相信我，你去试一下就知道了。”

尽管有些不解，死神还是遵从上帝的叮嘱，再次来到雕刻家的家里。这一次，他并没有去辨别哪个是真的雕刻家，而是四下看了看，然后说：“先生，您的这些雕刻真是太精美了，可是很遗憾，我发现了一点瑕疵。”

那个追求完美的雕刻家立即站了出来，大声问道：“哪里有瑕疵，你给我指出来！”

死神笑着说：“瑕疵就是你太追求完美了，天堂都没有完美的东西，更何况人间？你的死期到了，跟我走吧！”

雕刻家这才意识到自己的处境，可是为时已晚了。

雕刻家追求完美的结果，竟是丢掉了性命，尽管这只是一个故事而已，可是其中蕴含的教育意义依然值得我们借鉴。倘若雕刻家不对自己要求那么苛刻，容不得一点瑕疵，那么他的命运就会有很大的不同。

在我们身边，有很多像雕刻家一样苛求完美的人，似乎完美对他们而言意味着一切，如果无法达到完美的程度，他们就会变得焦虑，甚至可以说，焦虑是他们生活的常态。细想一下就知道，追求完美的心态恰恰是他们焦虑的根源，如果他们始终无法接受不完美，那么他们就永远无法摆脱焦虑的困扰。原因其实很简单，因为在这个世界上根本就没有完美的东西。

面对不完美，聪明人会坦然接受，因为他们懂得缺憾才是世间万物的常态。举世闻名的断臂维纳斯，正是因为其不完美才赢得了更多的关注，如果为了追求完整的形体，便给维纳斯配上胳膊和手，反而会影响她在人们心目中的形象。再者说，即便配上胳膊和手能让维纳斯的形体变得完整，可是拼接时留下的痕迹，同样无法让人觉得完美。由此不难看出，世间的万事万物总会有其不完美的地方，只有坦然接受缺憾，从另一个角度去欣赏缺憾的美，才能不被焦虑缠身。

情绪小贴士

每个人都想追求更好的结果，这是一种十分积极的态度，从这个角度来说，追求完美本身并没有错。可是，有些人对于完美的要求太过苛刻，殊不知，这个世界上根本没有绝对完美的事物，当他们不断追求不存在的事物时，出现焦虑便是不可避免的事情。

合理定位，展现自身价值

一个人对自己的定位，对于他能否获得成功具有非常重要的意义。只有给自己一个合理的定位，才能更好地展现自己的能力和价值。

很多时候，我们都是认识别人容易，而认识自己难。别人有什么样的优缺点，我们往往可以说出一二，可是对于自己，我们通常并没有十分清晰的认识。这就导致很多人对自己的定位产生了偏差，选择去做一些自己并不擅长的工作。

比如说，有个人个子很高，弹跳力很好，明明很适合打篮球，可是他非要在体操赛场上展示自己的能力。由于他重心高，不容易保持平衡，失败也就很正常了。

类似这种定位不合理的情况，我们能够发现很多。在自己并不擅长的领域，失败也属正常，可是有些人偏偏要纠结于自己的失败，搞得自己整天焦虑不安。这种无谓的焦虑，其实完全没有必要。

可见，定位对一个人来说具有十分重要的作用，如果能够给自己一个合理的定位，那么就能发挥自己的优势，获得更大的成功。

杰特的学习成绩不好，上高中的时候，老师告诉杰特的妈妈："杰特在学习方面天赋不足，他的理解能力不足，有些知识他根本就无法掌握。"妈妈感觉很难过，同时又不愿意相信老师的话，于是，她自己在家给杰特辅导，希望杰特的成绩能够有所提高。可是，杰特对学习知识并没有太大兴趣。这让妈妈十分焦虑，她不知道如果不上大学，杰特还能干什么。

一天，杰特从一家雕塑店门前经过，当他看到雕塑师正在进行的工作时，一下子就被深深吸引了。从这之后，他就迷上了雕塑，一有时间就自己雕东西，而把学习忘到了脑后。妈妈更加焦虑了，她担心杰特的成绩受到影响。

在妈妈焦急的盼望之中，杰特终究没能被任何一所大学录取。妈妈很伤心，也很无奈，她对杰特说："你已经长大了，可以自己决定以后要走的路。"

杰特知道自己让妈妈失望了，他也很难过，可是他并没有像妈妈那样感觉焦虑。他知道，尽管在学校的成绩不好，但这并不意味着他无法在其他方面获得成功。于是，他告别母亲，到他乡去学习雕刻技艺。

十年之后，杰特的家乡举办了一场雕刻比赛，获胜者可以得到为市长雕刻塑像的机会。许多雕刻家踊跃参加，都希望得到为市长雕像的荣誉。结果，一位远道而来的参赛者获得了最多的认可。

在颁奖典礼上，获奖者心情激动地说：“我希望可以将这个奖杯献给我的母亲。小的时候，我没能在学校取得良好的成绩，不仅让她为我提心吊胆，也辜负了她的辛苦栽培。现在，我终于可以说，虽然没能考上大学，可是我在雕塑方面获得了成功！至少在今天，她不用再为我担心了。”

这位获奖者就是学业无成的杰特，在经过十年的刻苦练习之后，他终于赢得了属于自己的位置。

在人群中，杰特的母亲早已热泪盈眶。她终于知道，自己的儿子并不差，只是没有让他待在正确的位置，所以无法发挥自己的才华而已。

杰特在学习方面没有天赋，但是在雕塑上很有灵性。在不同的环境中，他能够取得的成绩自然也不相同。如果杰特的母亲能够早点认识到这一点，她就不会为杰特的未来深感焦虑了。

在现实生活中，又有多少人无法给自己一个合理的定位呢？很多时候，我们的焦虑就源于错误的定位。在错误的位置上，我们无法发挥自己的才能，因此屡次遭受失败。因失败而焦虑的时候，我们不妨静下心来想一想，或许你就能够发现，有时失败并不是因为我们的能力不行，而是因为我们出现在一个错误的位置上。只有在合理的定位之上，我们才能更好地发挥自己的才能，展现自身的价值。

情绪小贴士

有些时候，我们之所以失败，并不是因为我们能力不足或是决策失误，而是因为我们没有找准自己的定位。在屡次失败之后，我们应该寻找失败的原因，如果确实是因为定位失误，那么我们完全没有必要焦虑不安，只要定位合理，我们终究能够获得成功。

过度焦虑，是一种可怕的精神毒素

过度焦虑会让人精神紧张、疑神疑鬼，仿佛所有的一切都在和自己作对，如果不能改变这种情绪，人的精神就会受到极大的影响，甚至无法正常地思考。

现代社会中，焦虑是一种十分常见的状态，由于各种压力的轮番轰炸，有些人的焦虑程度会变得十分惊人，当他们过度焦虑的时候，往往会变得精神状态极差、身体情况欠佳。

过度焦虑的人，往往给人一种神经质的感觉，他们的精神十分敏感，对于一些事情的反应有些过激。也许只是一句不经意的话，他们往往能从中听出很多的“弦外之音”，并为之大发雷霆，结果让说话者感觉有些莫名其妙。毫不夸张地说，过度焦虑简直是一种可怕的毒素，对人们的精神和思维产生了近乎毁灭性的影响。

林强是一家公司的销售员，平时工作业绩很好，人缘也不错。因此，他对自己的能力充满了自信，如果有同事遇到销售方面的难题，他总会积极地伸出援手，帮助同事渡过难关。

然而，林强的美丽心情在一次促销活动之后被完全打破了。事情是这样的：

国庆将近，公司决定展开一次针对新客户的促销活动。活动当天，林强和同事们早早做好了准备，静待客户上门。由于促销力度很大，活动现场来了很多新客户，都积极地购买产品，并且获得了价值不等的奖品。

林强的两位老客户听到这个消息之后，也赶到活动现场，希望林强能够给他们一些奖品。理由是当初他们购买产品的时候，并没有得到价值如此之高的奖品。虽然他们的心情可以理解，但是公司的活动只针对新客户，林强也没有办法。他向经理请示过，但是经理并未同意。无奈之下，林强只好将情况如实反映给那两位老客户。没想到，他们非但不理解林强，反而在销售群及朋友圈里诋毁林强，说林强只顾自己赚钱，对老客户的诉求不管不问，而且“喜新厌旧”，对老客户的态度冷淡至极。尽管公司在群里为林强澄清事实，那两位客户也将朋友圈删除了，可是对林强的声誉已经造成了影响。

从这之后，林强总觉得所有的客户都对自己不满意，同事们也用异样的眼光看他，这让他夜不能寐，只要一想象客户和同事们对自己的态度，他就有种如芒在背的感觉。对于林强来说，与人交流变成了一件十分困难和痛苦的事情，这直接导致他的工作业绩直线下滑。下滑的业绩让林强更加确认客户不愿与他打交道，不久之后，他便辞职不干了。

林强本是一个充满自信的人，因为客户的几句诋毁，他的心理发生了变化，情绪也产生了波动。当焦虑在他心中生根发芽之后，他就成了焦虑的奴隶，只能接受辞职的命运。

在我们的身边，有很多因为焦虑而难以入眠甚至精神恍惚的人，一旦到了这种程度，他们就已经难以适应社会生活了。对于这类人来说，焦虑就是难以驱除的“恶魔”。可是事实真的如此吗？答案当然是否定的。努力掌控自己的情绪，做好情绪的主人，焦虑就不会成为侵扰的因素了。

情绪小贴士

对于一个被过度焦虑困扰的人来说，焦虑就是生活的全部。他们看到的每个人、每件事、每个物品，都可能引发他们的焦虑。任何一个长期处于过度焦虑状态的人，都无法保持良好的精神和身体状态。

知足常乐，你拥有的就是最好的

很多人都有一个共同的毛病，那就是对于现在拥有的东西，并不懂得珍惜，他们喜欢给自己设定虚无缥缈的目标，当欲望无法被满足时，焦虑便会找上门来。

巴尔扎克说过：“贪心就像一个套结，将人的心越套越紧，结果把理智闭塞了。”因为过于贪心，有些人总想将最好的东西据为己有。当贪婪的欲望无法被满足时，这些人便会被焦虑困扰，惶惶不可终日。

因为不满足，有些人常常觉得别人都比自己过得好，于是每日与失望及焦灼相伴，忘记了开心地生活。人们常说的“知足常乐”，意思是因为满足于已经得到的东西而感到快乐。当一个人懂得知足时，他就能够接受自己所拥有的一切，而不会去强求那些不属于自己的东西。

知足并不是不思进取，而是珍惜自己目前所能拥有的一切，只有把握住现在，才能脚踏实地地向着自己的下一个目标稳步前进。如果对于自己期望太高，或是总要和别人比较，那么情绪难免产生波动，想要快乐地生活无异于痴人说梦。

皮特是一个活泼开朗、身体健康的孩子，他待人热情，学习成绩也很优异。然而，正当他结束初中生活，准备走进高中课堂的时候，一场车祸不期而至，给他及他的家人带来了莫大的痛苦。虽然脱离了生命危险，可是皮特的右腿要面临截肢的危险。医生们想尽办法，希望为皮特保住腿，可惜天不遂人愿。

当主治医生将这个消息告诉皮特及其家人时，皮特的家人悲痛欲绝，他们无法想象一个活蹦乱跳的孩子，突然之间就变成了残疾人。面对这种局面，皮特却很坚强，他平静地对家人说：“你们不要这么难过，和那些因为车祸而丧命的人相比，我已经很幸运了。至少我还活着，而那些死去的人，他们的家人永远都见不到他们了。不是吗？即便失去右腿，我还有一条左腿，我依然可以生活得很好！”

出院之后，皮特并没有因为残疾而自怨自艾，他依然怀着知足的心态，认真地过自己的生活。虽然再也无法像正常人一样打篮球，可他并未放弃这项运动，他练习起轮椅篮球，并且在几年之后进入了国家队。在接受采访的时候，皮特说道：“如果我是一个健全的人，以我的身高，可能永远都无法进入国家队，为自己的国家争光，可是现在，我有了这样的机会，我很知足。现在，我唯一能做的就是努力训练，争取为祖国赢得奥运金牌。”

电视台播出皮特接受采访的画面之后，许多人为之感叹，皮特的家人也由衷地为他感到高兴。

如果将皮特的厄运放在别人身上，肯定会有一些人无法接受现实，故而胡思乱想、焦躁不安，将自己的生活搞得鸡飞狗跳、乱七八糟。可是皮特并没有这样，他坦然接受自己的一切，对自己依然活着感到十分知足。带着这种心态，他开始了新的生活，最终翻开了人生的新篇章。试想一下，倘若皮特对自己的处境不知满足，总是生活在身体健全的回忆里，那他又怎么能摆脱焦虑并勇敢地面对未来的生活呢？

那些不切实际的目标，无论多么美好，也不过是水中花、镜中月，对它们过于执着的话，只会让我们陷入迷茫之中，迷茫越多，越是看不到未来，这种不确定，会给我们带来无尽的困惑和焦虑。满足于自己所拥有的一切，并且知道自己究竟想要什么的人，才能得到更多的快乐。

情绪小贴士

不知足的人，总想攫取更多，所以很容易被欲望遮住眼睛，迷失人生的方向；知足的人，满足于自己拥有的一切，反而可以脚踏实地地向着自己的目标前进。相信自己拥有的就是最好的，就能带着满足的心态去生活，就能感受到更多的幸福和快乐。

学会倾诉，将焦虑说给别人听

在应对焦虑的所有方法中，向别人倾诉是极好的选择之一。当我们被焦虑困扰的时候，通常非常希望得到劝解和宽慰，而倾诉恰恰可以起到这样的作用。

适当地向别人倾吐心声，可以减小自己的压力，令自己在较长一段时间内保持健康轻松的心态。所以，当你遭遇焦虑情绪，被它折磨得痛苦不堪时，一定要想办法尽快排解，因为长时间被焦虑情绪影响，将会对身心健康造成巨大的影响。

排解焦虑情绪的方法有很多，比如，转移注意力、向别人倾诉、体育锻炼、听歌、自我暗示等，这些方法都有一定的作用，其中更加有效的方法是向别人倾诉。就像人们常说得那样：与别人分享快乐，你的快乐就会加倍；与别人分担痛苦，你的痛苦就会减半。当你将心中的焦虑说给别人听之后，你的焦虑就会减少一半。

在一架飞机上，两位素昧平生的女士并排坐在一起。其中一位是心理医生，另一位则是公司职员。两位女士都是单独出行，于是在枯燥的旅行中聊了起来。她们从旅行的目的聊到各自的生活，话题很快便转移到工作上面。

公司职员说："我的工作压力太大了，现在工作很忙，有时我会觉得力不从心，而且公司来了很多新人，我总担心会被他们取代，所以我常常十分焦虑，有时候晚上根本睡不着觉。"

心理医生点了点头，说："是啊，现在的生活节奏太快了，很多人都有很大的工作压力，有时候我也感觉很疲惫。不过这是现代人的通病，你也不用过于焦虑，还有很多人比你压力更大呢！"

公司职员听后说："我感觉焦虑总是缠着我，我出来旅游就是想散散心，排解一下压力，不知道这种方法有没有用。"

心理医生又点了点头，说："旅游是可以舒缓情绪，能让你放松下来。不过还有一个方法更有效，那就是和你的朋友聊聊天。旅游并不能随时实现，可是找朋友聊天是一件很容易的事，很轻松就能做到。"

两位女士愉快地聊着，不知不觉飞机就降落了。两人分别的时候，公司职员对心理医生表达了谢意，她觉得跟心理医生聊过之后，心情愉快了许多。

在这之后，每当公司职员感到焦虑的时候，她就找自己的朋友倾诉，她的情绪得到了及时的排解，这让她总能保持良好的精神状态。

在和心理医生交流的过程中，公司职员不知不觉地说出了自己的焦虑，这让她变得轻松和愉快。

从这里可以看出，当我们有焦虑情绪的时候，千万不能一直憋在心里，因为总是胡思乱想的话，时间长了就会伤身劳神，对于任何一个人来说，适当的倾诉都是十分必要的。

情绪小贴士

在我们的身边，或许存在这样一些人，他们宁可独自承受焦虑的痛苦，也不愿向别人坦露心声，在他们看来，焦虑是一种让人难堪的情绪，他们担心万一被别人知道，可能会被别人嘲笑。这种担心只会增加他们的焦虑，让他们在焦虑之路上越走越远。

情绪测试

每个人都或多或少地带有焦虑情绪，它会对人的心理及行为产生消极的影响，下面这个测试能帮助你认识自己的焦虑，测试考察的时间范围为近一周之内。

题　目

请认真阅读下列各项问题，并根据自己的实际情况，选择最符合的一个答案。

1. 你有没有觉得比平时容易紧张或着急？

A. 没有或很少时间有

B. 小部分时间有

C. 相当多时间有

D. 绝大部分或全部时间有

2. 你有没有无缘无故地感到害怕？

A. 没有或很少时间有

B. 小部分时间有

C. 相当多时间有

D. 绝大部分或全部时间有

3. 你有没有容易心里烦乱或感到惊恐？

A. 没有或很少时间有

B. 小部分时间有

C. 相当多时间有

D. 绝大部分或全部时间有

4. 你有没有觉得自己可能将要发疯？

A. 没有或很少时间有

B. 小部分时间有

C. 相当多时间有

D. 绝大部分或全部时间有

5. 你有没有觉得一切都很好？

A. 绝大部分或全部时间有

B. 相当多时间有

C. 小部分时间有

D. 没有或很少时间有

6. 你有没有觉得手脚发抖打颤？

A. 没有或很少时间有

B. 小部分时间有

C. 相当多时间有

D. 绝大部分或全部时间有

7. 你有没有因为头疼、颈痛或背痛而苦恼？

A. 没有或很少时间有

B. 小部分时间有

C. 相当多时间有

D. 绝大部分或全部时间有

8. 你有没有觉得容易衰弱或疲乏？

A. 没有或很少时间有

B. 小部分时间有

C. 相当多时间有

D. 绝大部分或全部时间有

9. 你有没有觉得心平气和，并且容易安静地坐着？

A. 绝大部分或全部时间有

B. 相当多时间有

C. 小部分时间有

D. 没有或很少时间有

10. 你有没有觉得心跳得很快？

A. 没有或很少时间有

B. 小部分时间有

C. 相当多时间有

D. 绝大部分或全部时间有

11. 你有没有因为一阵阵头晕而苦恼？

A. 没有或很少时间有

B. 小部分时间有

C. 相当多时间有

D. 绝大部分或全部时间有

12. 你有没有晕倒发作或觉得要晕倒似的情况?

A. 没有或很少时间有

B. 小部分时间有

C. 相当多时间有

D. 绝大部分或全部时间有

13. 你有没有觉得吸气、呼气都很容易?

A. 绝大部分或全部时间有

B. 相当多时间有

C. 小部分时间有

D. 没有或很少时间有

14. 你有没有觉得手脚麻木和刺痛?

A. 没有或很少时间有

B. 小部分时间有

C. 相当多时间有

D. 绝大部分或全部时间有

15. 你有没有因为胃痛和消化不良而苦恼?

A. 没有或很少时间有

B. 小部分时间有

C. 相当多时间有

D. 绝大部分或全部时间有

16. 你有没有常常要小便?

A. 没有或很少时间有

B. 小部分时间有

C. 相当多时间有

D. 绝大部分或全部时间有

17. 你的手脚是不是经常是干燥温暖的？

A. 绝大部分或全部时间有

B. 相当多时间有

C. 小部分时间有

D. 没有或很少时间有

18. 你有没有感觉脸红发热？

A. 没有或很少时间有

B. 小部分时间有

C. 相当多时间有

D. 绝大部分或全部时间有

19. 你有没有容易入睡并且一夜睡得很好的情况？

A. 绝大部分或全部时间有

B. 相当多时间有

C. 小部分时间有

D. 没有或很少时间有

20. 你有没有做噩梦的情况？

A. 没有或很少时间有

B. 小部分时间有

C. 相当多时间有

D. 绝大部分或全部时间有

计分方法

本测试的题目中，四个选项A、B、C、D分别按1分、2分、3分、4分计分，将各题得分相加，得出总分，再用总分乘以1.25，四舍五入取整数即得到标准分。

测试结果

得分越低越好，得分越高，说明被测者的焦虑倾向越明显。

得分50～59分：说明被测者表现为轻度焦虑，整体情绪状态还算不错。

得分60～69分：说明被测者表现为中度焦虑，需要对自己的情绪状态多加留心。

得分70分及以上：说明被测者表现为重度焦虑，情绪状态趋向不好，需要立即进行调节。

当然，这个测试结果因人而异，在不同的环境和条件下，测试结果会有一些差异，并不能保证每个人的测试结果都准确无误。

第四章

淡化悲伤，聪明人不为悲情所困

人生在世，生活的各种滋味自然都要品尝一番。有快乐，就会有悲伤，有欢笑，就会有泪水。各种情绪交织在一起，才构成了精彩的人生。面对悲伤，有些人伤心难过，有些人自怨自艾，有些人深感绝望，有些人无法自拔……那些真正的聪明人，则懂得淡化悲伤的情绪，以免被困在悲情的牢笼里无法脱身。

苦难是人生的必修课

在漫漫的人生之路上，遭遇苦难是每个人都要面临的境遇，都说“不经历风雨，怎么见彩虹”，只有经历过苦难这堂必修课，才能看到人生更加美丽的一面。

任何一个心智正常的人，都不愿意遭受苦难的折磨。这是人之常情，相信所有人都有相同的体会。然而，想要彻底摆脱或远离苦难，这是绝对不可能的。既然无法逃脱苦难，倒不如坦然面对，以积极的姿态去应对苦难带来的一切后果。

苦难是人生的必修课，如果一个人没有经历过苦难，那只能说他的人生是不完整的。只有经历苦难，理解苦难，才能从苦难中获得巨大的收获。虽然苦难让人饱尝磨砺，给人带来痛苦和悲伤，但是它也是锻炼意志的极好方法。“不经一番寒彻骨，怎得梅花扑鼻香”，没有经历过苦难，又怎么能体会到苦难结束之后的甘甜?

那些从未经历过苦难的人，犹如温室中的鲜花，一旦来到室外，很容易因为无法适应环境而面临凋零的命运。而那些饱经风霜、艰辛备尝的人，则像路边的野花一样，总能顽强地绽放。由此不难看出，经历一些苦难，体会一些悲伤，对个人的成长具有十分积极的意义。

在一场激烈的足球比赛中，汉斯正带球突破，却被对方球员一个凶猛的铲抢阻止了奔跑的脚步。他痛苦地倒在地上，感觉右臂好像断了。他不敢动弹，直到队医过来检查之后，才知道他的手臂确实断了。

汉斯被抬上救护车，准备直接送往医院。在去往医院的路上，汉斯对陪在身边的大夫说道："请问您有纸和笔吗？借我用一下。"

医生很疑惑："你的手臂都断了，还要纸和笔干吗？"

汉斯严肃地说："您有所不知啊，既然我的右臂断了，我想我应该赶紧锻炼自己的左手，免得到时候连饭都吃不了。"

俗话说："伤筋动骨一百天。"想一想都知道，右臂断了是一件多么痛苦的事情。可是汉斯并没有被痛苦吓倒，仿佛这件事情对他而言并非苦难，而是一种新鲜的体验。汉斯只是一个普通人，他肯定会有痛苦的感觉，但是他没有表露在外，而是将心中的悲伤化作幽默的言语，用来安慰别人和自己。

在悲伤的事情已经发生，我们又无力改变的时候，就别再被它困扰，因为再多的悲伤都无法改变既定的事实，倒不如将悲伤转化为欢乐，既娱乐别人，也放松自己。以乐观的心态生活，所有的苦难都不再是苦难，而是精彩生活的点缀品，给我们带来更多的生活体验而已。

可以说，苦难是人生的一门必修课。强者将它当作垫脚石，通过它走上一个又一个的高峰；弱者将它当作障碍物，很容易就会因为感觉无法跨越而放弃努力。所有的聪明人，都不会被苦难带来的悲伤击倒，相反，他们会将苦难视作动力，以更努力的姿态、更饱满的热情，去直面苦难，战胜悲伤。

情绪小贴士

遭受苦难的时候，有多少人可以镇定自若、泰然处之？相信大多数人都做不到。又有多少人可以微笑面对、幽默待之？想必能这样做的人少之又少。然而，正是这少之又少的人，往往可以成为人生的赢家。

转换角度，从另一个角度认识悲伤

不幸难以避免，悲伤时而出现，如果任由自己沉浸在悲伤的情绪里，生活将变得黯淡无光，换个角度看待悲伤，你会发现不一样的世界。

卡耐基曾经说过：“如果我们有快乐的思想，我们就会快乐；如果我们有凄惨的思想，我们就会凄惨；如果我们有害怕的思想，我们就会害怕；如果我们有不健康的思想，我们就会生病。”可见，我们的思想决定着我们的处境，当不幸降临的时候，我们不妨换一种思想去看待悲伤。

洛瑞从小就和爷爷生活在一起，所以两个人的关系十分亲密。

每天放学之后，洛瑞都要和爷爷先聊上一会儿，才会回到自己的房间去写作业。

在洛瑞上了高中之后，爷爷的身体状况一天不如一天，这让家人十分着急。其中最着急的应该就是洛瑞，在爷爷生病住院的日子里，洛瑞每天都要到医院去看望爷爷，和爷爷说说学校的事情，摸摸爷爷消瘦的脸庞……爷爷也想和洛瑞像以前一样玩耍、聊天，可他已经没有力气了。

一个星期之后，爷爷永远地离开了这个世界。可是一家人沉浸在悲痛之中时，洛瑞的情绪却没有想象中那么低落。参加完葬礼之后，洛瑞像以往一样上学、玩耍，似乎根本没有受到影响。爸爸妈妈担心洛瑞将悲伤埋在心底，便想找个机会和他聊聊。

“洛瑞，爷爷去世了，你不觉得难过吗？”妈妈问。

“我很难过，我再也不能和爷爷一起玩了。”洛瑞伤心地说。

“可是我看你每天都很开心啊，是不是故意把悲伤埋在心底了？”爸爸关切地问。

“没有啊，我确实很伤心。但是，爷爷去的是天堂，我相信那里比这里的生活好得多，我替爷爷感到高兴。而且爷爷最喜欢看我笑，就算他在天堂，我也要展现最美的笑容给他看。”洛瑞微笑着说道。

听了洛瑞的话，爸爸妈妈的眼泪都止不住地掉下来，因为他们突然发现，洛瑞已经长大了。

爷爷的离世，对于洛瑞来说不啻为晴天霹雳，可是他并没有表现出家人期待中的悲伤，他的举动令家人心生疑惑。实际上，并不是洛瑞不伤心，他只是从另一个角度去看待爷爷的离世，即便悲伤，也要为爷爷展现最美丽的微笑。

俄国文学家契诃夫的作品《生活是美好》一文中，有这样的文字：

“要是火柴在你的衣袋里燃起来了，那你应当高兴，而且感谢上苍：多亏你的衣袋不是火药库。

“要是有穷亲戚上别墅来找你，那你不要脸色发白，而要喜洋洋地叫道：‘挺好，幸亏来的不是警察！’

“要是你的手指头扎了一根刺，那你应当高兴：‘挺好，多亏这根刺不是扎在眼睛里！’

…………

“要是你被送到警察局去了，那就该乐得跳起来，因为多亏没有把你送到地狱的大火里去。

“要是你挨了一顿桦木棍子的打，那就该蹦蹦跳跳，叫道：‘我多运气，人家总算没有拿带刺的棒子打我！’

“要是你妻子对你变了心，那就该高兴，多亏她背叛的是你，不是国家。”

人的一生中，难免遇到这样那样的坎坷或挫折，任何人都不可能一帆风顺。遇到“不幸”的时候，换个角度看待它，消极的情绪就会减少，快乐的心情就会来到。人们常说的“生活像一面镜子，你对它微笑，它便回赠你微笑”，就是这样一个道理。

情绪小贴士

很多人都觉得悲伤只会给人带来不好的体验，所以几乎没有人愿意面对它。实际上，所有的事物都有两面性，悲伤的事情也不例外，当你被“不幸”击中的时候，试着换个角度，你会得到一种完全不同的心情，这会让你的人生变得大不相同。

过度悲伤要不得

悲伤的时候，一定要注意控制程度，过度悲伤会给人的身心造成巨大的伤害，而且对今后的生活毫无益处。唯有努力保持克制，才能更好地生活。

悲伤是一种发自内心的情绪，它也是人类的基本情绪之一。在失去亲人、心情烦闷的时候，总能看到悲伤的身影出现。给人的感觉就是，悲伤和痛苦总是结伴而来。

实际上，悲伤给人带来的不单单只有痛苦的体验。当一个人表达悲伤情绪的时候，他同时释放了心中的压力，给自己的心灵创造了轻松一下的机会。

当然，释放悲伤情绪的时候，一定要适可而止，适度的释放可以放松身心，带来心灵的愉悦；一旦悲伤过度，就会让身心承受巨大的压力，甚至会给人带来灾难性的后果。

在一场战争中，一位老妇人的儿子应召投身其中。

一年之后，她听说了邻居的儿子战死的消息。老妇人不禁为自己的儿子担心起来，可是当时的通信条件太差，老妇人无法和儿子取得联系。她只好四处打听，但是经常无功而返。终于有一天，一个受伤的士兵告诉老妇人，他见过她的儿子，那是在一次激烈的战斗中，他亲眼见到老妇人的儿子负伤，但是之后就没有了消息。

总算得到了儿子的消息，老妇人不仅不高兴，反而为儿子难过起来。想到战场上的医疗条件那么差，老妇人就很担心自己的儿子已经牺牲了。她一闭上眼，就想起儿子参军前活蹦乱跳的样子，想到儿子永远也回不来了，老妇人就觉得异常悲伤。她整日以泪洗面，精神状态越来越差。

当看到村里其他负伤的战士都已经回家，而自己的儿子却没回来的时候，“儿子已经牺牲了”这个念头便时时刻刻地侵扰着她。两年之后，儿子依然音信全无，而老妇人已经完全没有了精力，只能躺在床上，靠邻居们帮忙才得以延续自己的生命。即便如此，她依然挂念自己的儿子，眼泪哭干之后，唉声叹气成了她表达悲伤的手段。

又过了两个月，老妇人已经奄奄一息。就在她准备到另一个世界去见儿子的时候，邮差给老妇人送来了一封信和一张汇款单。直到这时，老妇人才知道，自己的儿子并没有牺牲，他只是在伤好之后参加了一个秘密行动，所以没能和老妇人取得联系。

看着儿子的信，老妇人脸上露出了极为复杂的表情，有高兴，有欣慰，有悲伤，还有无奈……

当儿子结束行动，兴冲冲地回到家时，却发现再也看不到亲爱的妈妈了。

老妇人深深地爱着自己的儿子，即便只是猜想儿子已经牺牲了，她的悲伤也已经将她摧垮，而当儿子传来消息的时候，她却没有机会见到日思夜想的儿子了。老妇人的过度悲伤，是酿成这出惨剧的罪魁祸首之

一。如果她能适度控制自己的情绪，不被“儿子已经牺牲了”的念头控制，那么当她儿子回来时，该是怎样皆大欢喜的结局啊！

白发人送黑发人，可以说是世界上最凄惨的事情之一。在这种情况下，无论以何种方式表达悲伤，相信人们都可以接受。只不过，痛苦和悲伤固然可以表达分离之情，可是悲伤过后生活依然要继续下去。过度悲伤会对身心造成严重的伤害，不利于以后的生活。面对这种情况，我们完全可以试着平静下来，以积极的心态去迎接全新的生活。

情绪小贴士

过度悲伤的情绪，会在我们心中留下极大的阴影。当这个阴影大到将整个心都遮住的时候，我们的生命便会失去生机和希望。如果不想这样，那就要保持坚强和乐观，以积极健康的心态应对所有的悲伤和难过。

悲伤总是短暂的，坚持下去就能见到阳光

悲伤的情绪会蒙蔽我们的眼睛，让我们对未来充满迷茫。这种时刻，要坚信时间是治愈一切的良药，坚持下去，我们就能看到未来的方向。

俗话说："家家有本难念的经。"在成长的过程中，每个人都会遇到一些困难和挫折，这是难以避免的事情。如果在困难和挫折来临的时候，我们始终以悲伤的姿态去面对，那么悲伤的情绪就会越积越多，最终将我们变成悲观无望的人。

对于悲伤的情绪，我们不仅要及时释放，更要坚信悲伤的事情不会一直纠缠着我们，只要能够保持坚强，一切悲伤都将过去，我们一定可以获得幸福和美好的生活。

在不幸和悲伤降临的那一刻，我们或许会产生天塌地陷的无助感，可是在经过时间的冲刷之后，当我们再去回忆那些事情的时候，也许连自己都无法理解当时为何会那般悲伤。就拿失恋来说，很多人在失恋的时候会觉得整个世界都是黑暗的，悲伤感甚至会让一些人做出自残之类的不理智举动。可是在十年之后，很多人能够想起的大多是恋爱时的快乐，而不是失恋时的悲伤。要相信，悲伤是一种短暂存在的情绪，并不是我们无法摆脱的梦魇。

克里斯托弗·里夫因出演超人这一角色而为人熟知，但是在现实生活中，他也只是一个普通人，他所遭受的悲伤和痛苦甚至比大多数人要更多一些。

1995 年，克里斯托弗·里夫在一次马术比赛中不幸从马背上摔下，导致他的颈椎严重受损。医生需要动手术才能将他的颅骨和颈椎重新连接在一起，这个手术风险很大，医生不敢保证手术一定能够成功。

对于克里斯托弗·里夫来说，等待手术的那段时间是极为难熬的。在悲伤到极点的时候，他甚至想过就此结束自己的生命，以此换得自己和家人的解脱。

一天，克里斯托弗·里夫的儿子来看望他。

儿子对爸爸的病情很好奇，于是问自己的妈妈：“妈妈，爸爸的肩膀不能动了吗?”

“是的。”妈妈回答。

“爸爸的腿也动不了吗?”儿子又问。

“是的，孩子，他的腿也动不了了。”妈妈说。

听到妈妈的话，儿子有些难过，但是很快，他又带着欢快的情绪说道：“至少爸爸还能笑啊!”

克里斯托弗·里夫被儿子的话感染了，他再次看到了生活的希望，找到了活下去的理由和勇气。

随后进行的手术非常成功，虽然克里斯托弗·里夫依然没能摆脱瘫痪的命运，可是他已经对未来的生活有了新的目标和期待。他战胜了自己，战胜了悲伤，并坚强地活了下来。

后来，克里斯托弗·里夫亲自导演了一部电影，还建立了自己的基金会，甚至参加了一部影片的拍摄，并在其中有着精彩的表现。

克里斯托弗·里夫的身体虽然有些残疾，可是他所做的一切，都在告诉人们：他是真正的“超人”!

克里斯托弗·里夫的遭遇是凄惨的，因悲伤而产生的种种念头也是非常真实的。值得庆幸的是，他的儿子点醒了他，让他重新充满斗志，摆脱悲伤，最终成为人们心目的真实“超人”。

不幸的事情发生时，悲伤的情绪总会及时出现，让人看到事情黑暗的一面。很多人被情绪所困，于是整日以泪洗面，久久沉浸在悲伤之中，以至于看不到美好的未来。实际上，时间可以冲淡一切悲伤，只要坚持下去，就能重获美好的心情，就能看到未来的阳光。

情绪小贴士

当你身处逆境，感受悲伤的时候，时间和坚定的信念可以帮助你走出困境，重见希望的曙光。要知道，一切的悲伤都将随着时间的流逝而逐渐消亡，没有必要因悲伤而浪费大好的时光。时过境迁之后，当你回头去看那些令你悲伤的事情时，或许就会发现，那些事情根本不值一提。

希望是战胜悲伤的绝佳良药

一旦沉浸在悲伤的情绪中无法自拔，那么整个世界都会变得黯淡无光，生活也会了无希望，反过来说，只要保持希望并努力去实现希望，那么悲伤也就没有了藏身之所。

悲伤的人，心中会被悲情填满，他们看不到生活的希望，对工作也没有任何热情，由此变得浑浑噩噩，没有任何追求；而快乐的人，心中总是充满希望，他们眼中的一切都蓬勃发展、欣欣向荣。

希望是激发生命活力的催化剂，是引爆个人潜能的导火索。因为有希望，人们才会努力打拼，才会为了目标不断前进。在希望中得到快乐，悲伤便会被赶出内心。

有一位医术高超的医生，从医二十多年来，为众多的患者解除病痛，在事业蒸蒸日上的同时，赢得了患者和医学界的共同称颂。

然而，天有不测风云。在一次身体检查中，这位医生被查出患有癌症。刚刚得知这一消息的时候，他的情绪十分低落，不敢想象今后的生活会是怎样。但是，出于医生的职业本能，他最终接受了这个残酷的事情。他不仅没有因患癌症而悲痛欲绝，反而以更加宽容的心态去看待身边的一切。

在得知患病以前，他就将病人放在重要的位置，想方设法地帮助病人摆脱病魔的纠缠。如今，自己身患绝症，他更加感同身受，每天都想着要好好珍惜最后的这段时光，为更多的病人带去健康。他一边辛勤地工作，一边勇敢地和病魔抗争。就这样，他比预计的时间多活了几年，依然贡献着自己的能量。

对于他的“生命奇迹”，很多人觉得十分诧异。患有相似疾病的病友问这位医生延长生命的秘诀，他笑呵呵地回答：“其实并没有什么秘诀，我只是给自己找到了精神支柱而已，它就是希望。每天早上醒来的时候，我都给自己一个希望，希望可以多救治一个病人，或是希望我能让别人感到快乐，等等。带着希望生活，让我觉得每一天都很充实、很忙碌，哪里还有时间去想自己的病情呢？就这样，我在不知不觉中多活了几年。”

病友听了，一副恍然大悟的样子。

不得不说，这位医生不仅医术精湛，在为人处世方面也达到了常人难以企及的境界。从他的故事中可以看到，希望的力量是超乎想象的。

在这个世界上，有很多事情是我们难以预料，也无法控制的。当不幸突然来袭的时候，我们当然可以悲伤，可以落泪，可以将自己关起来，沉浸在悲伤中舔舐自己的“伤口”。毕竟每个人都有选择的权利，都可以按照自己的方式去应对和处理不幸。可是，沉浸在悲伤中真的对我们有所帮助吗？

答案当然是否定的，长期生活在悲伤的情绪之中，不仅无助于“伤口”愈合，反而会因为长期的沉溺而加重心理的负担，让人变得更加悲观和消极。只有对自己充满信心，对未来充满希望，以积极乐观的态度去应对每一个不期而遇的不幸，我们才能看到生活的阳光。

情绪小贴士

一个没有希望的人生，是完全没有意义的人生。无论在什么时候，人都应该给自己一个希望，这个希望是目标，是方向，能够指引着我们跨过生命的沟沟壑壑，走上人生的康庄大道。

即便流泪，也要面带微笑

没人希望遭遇不幸或悲伤，但是如果不幸遇上，也没有必要过度痛苦和忧伤，以微笑的姿态面对一切，可以极大地舒缓心情，展现乐观的一面。

人生在世，快乐应该是所有人的共同追求。然而，世间不如意事十之八九，那些让人悲伤的事情，总归是要遇到一些。在与悲伤不期而遇的时候，你会是什么样的心态？又会以怎样的方式去应对悲伤？我想，大部分人都无法控制自己的情绪。

但凡遭遇变故，人们难免会被悲伤的情绪困扰，这是条件反射一般的反应，几乎没人能够立刻将其控制。有时候，面对突如其来的情况，我们往往会陷入迷茫或者困顿，处于低落情绪的时候，伤心落泪是一种再正常不过的现象。

能够以微笑来应对悲伤，这是一种成熟的表现，其中不仅体现了豁达的心胸，也展现了巨大的人格魅力。

在《雪豹》这部电视剧中，周卫国这个人物给人们留下了深刻的印象。作为军人，他坚毅、刚强、智勇双全，总能在危机中想出解决问题的办法，他如幽灵一般出现，来无影、去无踪，带着战友一次次冲锋陷阵，让敌人束手无策。

可是，如果周卫国只是善于打仗，令敌人闻风丧胆，恐怕他也不会让人如此感动和喜爱，因为在我国历史上，这样的英雄实在太多了。周卫国的魅力，在于他有血有肉、敢作敢当，即便遭受巨大的伤痛，他依然能够微笑着面对。

令人印象深刻的一个片段是，周卫国的手臂因伤感染，不得不被截肢。当他得知这个消息的时候，虽然难受，却没有流露太多的悲伤。在朱子明为他截肢的时候，他眼睛泛光，坦然地接受一切。在恢复健康之后，他含着泪，微笑着用剩下的那只手洗脸；见到战士们的时候，他的眼睛流着泪，脸上却依然挂着微笑。

这个片段，让很多人动容，不仅仅是周卫国的战友，电视机前的很多观众也流下了感动的泪水。

周卫国挂着泪水的笑脸，展现了他强大的内心世界。对于一个人来说，失去一条手臂就意味着失去了至少一半的活动能力，这是一个巨大的创伤和打击，但是，周卫国并未因此过度悲伤，虽然抑制不住眼泪，可是他用笑容告诉所有人：虽然失去了一条手臂，但他依然可以很好地活下去。这是一种坚毅、一种豁达，更是一种对生命的渴望和尊重。在众人的生命面前，所有的悲伤和痛苦都算不上什么。那一刻，周卫国的形象得到了升华，他的精神也上升到更高的境界。

面对痛苦和悲伤，许多人选择整日以泪洗面或是沉浸在消极的情绪之中，对于这些人来说，痛苦和悲伤是难以逾越的鸿沟，如果长期待在沟底，他们的生活就会被消极的情绪笼罩，永远看不到希望的光芒。

想要快乐而幸福的生活，就应该以积极的态度、满脸的微笑去应对一切，即便因为悲伤而抑制不住地流泪，也要绽放笑容，向别人展现自己的乐观向上。

情绪小贴士

对于悲伤，很多人难以抑制，因为悲伤往往会戳中人心中最柔软的那一部分。当悲伤汹涌而来时，眼泪往往会止不住地滑落下来，这并没有什么，因为哭泣是一种很好的排毒方式，哭过之后，坏情绪就会排解很多。

情绪测试

我们的情绪会受到诸多方面的影响，所以情绪的状态总是处于不断变化的过程中。通过下面这个测试，你可以发现自己的情绪处于何种状态，测试考察的时间范围为近一周之内。

题　目

请认真阅读下列各项问题，并根据自己的实际情况，选择最符合的一个答案。如果你并未经历选项中所提及的情况，那就按照自己的想象去选择一个近似的答案。

1. 你有没有感觉悲伤？

A. 我完全没有感觉悲伤

B. 我感到有些悲伤

C. 我始终感到悲伤，根本无法摆脱这种感觉

D. 我十分悲伤、不快乐，都快承受不住了

2. 你对未来有什么看法？

A. 我对未来并没有感觉特别泄气

B. 我对未来感觉泄气

C. 我感觉对未来没有什么期盼

D. 我觉得自己的未来没有任何希望，而且这种情况无法改善

3. 你认为自己是一个失败者吗？

A. 我不认为自己是一个失败者

B. 我觉得自己比一般人更失败一些

C. 回首往事，我发现我的人生总是和失败相伴

D. 我认为自己是一个完完全全的失败者

4. 你对最近发生的事情感觉满意吗？

A. 像过去一样，我对所有的事情都感觉满意

B. 我不再像过去那样对事物充满欣赏的情绪

C. 我不再对事情真正感到满意

D. 对任何一件事情，我都感觉不满，甚至感到非常烦躁

5. 最近一段时间，你有没有负罪的感觉？

A. 我没明显地感觉到有什么负罪感

B. 很多时候，我都感觉有一种负罪感

C. 大多数时间里，我都有一种负罪感

D. 我始终被负罪感的重担压得喘不过气

6. 最近一段时间，你觉得自己与惩罚有什么关系？

A. 我没感觉自己正遭受惩罚

B. 我觉得自己可能受到了惩罚

C. 我希望受到惩罚

D. 我感觉自己正在遭受惩罚

7. 最近一段时间，你对自己抱着什么态度？

A. 我没有对自己感觉失望

B. 我对自己感到失望

C. 我讨厌我自己

D. 我恨我自己

8. 最近一段时间，你是否对自己进行过批评？

A. 我没感觉自己比其他人差劲，没有批评的必要

B. 因为自己的弱点和错误，对自己提出过批评

C. 我一直因为自己犯下的错误而责备自己

D. 我为发生的所有坏事而责备自己

9. 最近一段时间，你有没有想过要将自己杀死？

A. 我根本就没想过要将自己杀死

B. 我曾经想过要将自己杀死，可是并没有采取行动

C. 我愿意将自己杀死

D. 只要有机会，我就要将自己杀死

10. 和过去相比，你有没有哭得更多？

A. 我不再像过去那样哭泣了

B. 我现在比过去哭得更多了

C. 我现在总是哭泣

D. 我过去还能哭得出来，但是现在想哭都哭不出来了

11. 和过去相比，你的恼怒情绪有什么变化？

A. 我不再像过去那样容易被激怒了

B. 我比过去稍稍容易被激怒

C. 很多时候我很苦恼或恼怒

D. 现在我始终感觉非常恼怒

12. 和过去相比，你对别人的兴趣发生了变化了吗？

A. 我始终对别人充满兴趣

B. 我不再像过去那样对别人有兴趣了

C. 我对别人基本上没有了兴趣

D. 我对别人根本没有兴趣

13. 和过去相比，你在做决定的时候有什么变化？

A. 我一直像过去那样做出决定

B. 我现在总是推迟做决定

C. 我现在做起决定来更加困难了

D. 我已经无法做出决定了

14. 最近一段时间，你对自己形象的看法有什么变化吗？

A. 我感觉自己并没有变得更加糟糕

B. 我很担心自己看起来苍老了，无法吸引别人了

C. 我觉得自己的形象总是不断变化，已经变得无法吸引别人了

D. 我认为自己一直都很丑陋

15. 最近一段时间，你的工作状态有没有什么变化？

A. 我可以像之前一样将工作做得很好

B. 我要加倍努力才能开始工作

C. 我必须耗费很大的精力才能做成一件事

D. 我什么工作都做不了了

16. 最近一段时间，你的睡眠情况怎么样？

A. 我和之前一样睡眠安稳

B. 我无法像之前那样安稳地睡觉了

C. 我比之前要早醒 1～2 个小时，而且醒来之后就难以入睡

D. 我比之前要早醒好几个小时，而且醒来之后就难以入睡

17. 最近一段时间，你是否感觉更加容易疲惫？

A. 我和之前一样完全感受不到疲惫

B. 我比之前更加容易疲惫一些

C. 基本上，我做任何事情都会感觉疲惫

D. 我感觉非常疲惫，任何事情都做不了

18. 最近一段时间，你的食欲有什么变化？

A. 我的食欲像之前一样好

B. 我的食欲没有之前那么好

C. 我的食欲变得越来越不好了

D. 我根本就没有任何食欲

19. 最近一段时间，你的体重有什么变化？

A. 我的体重没有减轻，即便轻了也没轻多少

B. 我的体重已经减轻四五斤了

C. 我的体重已经减轻十来斤了

D. 我的体重已经减轻十五斤左右了

20. 最近一段时间，你有没有担心自己的健康状况？

A. 像之前一样，我并没有为自己的健康状况而担心

B. 自己的身体出现问题时，我会为健康状况感到担心

C. 我很担心自己身体出现的问题，没有办法再去考虑其他的事情

D. 我总是觉得自己的身体会有问题，根本无暇去顾及其他的事情

计分方法

本测试的题目中，四个选项 A、B、C、D 分别按 1 分、2 分、3 分、4 分计分，将各题得分相加，得出总分即可。

测试结果

得分 1～10 分：说明被测者的情绪状态良好，心理方面相当健康。

得分 11～16 分：说明被测者正被轻度情绪紊乱困扰，应该适当注意自己的情绪变化。

得分 17～20 分：说明被测者正处于抑郁的边缘，心理状态并不稳定。

得分 21～30 分：说明被测者中度抑郁，仅靠个人调整已经无法取得良好的效果。

得分 31～40 分：说明被测者严重抑郁，应该通过医疗手段进行治疗。

得分 40 分以上：说明被测者极端抑郁，家人及朋友需要多多关注其状态。

当然，这个测试结果因人而异，在不同的环境和条件下，测试结果会有一些差异，并不能保证每个人的测试结果都准确无误。

第五章

释放压力，聪明人懂得如何打开“减压阀”

现代社会，人们要承受各种各样的压力，这些压力越来越大、越来越多，已经令一些人难堪重负，身心都受到了巨大的影响。如果继续任由压力增加，这些人的心理就会走向崩溃的边缘。面对这种令人痛苦的局面，只有正确地打开“减压阀”，尽情地释放心中的压力，才是聪明的做法，才是免受坏情绪侵扰的良方。

有压力，人生才完满

压力是人类不可或缺的一种情绪，由于现代生活的压力过大，很多人便错误地将压力视作洪水猛兽，认为它才是不快乐的根源所在，殊不知这种想法是极端荒谬的。

人活于世，在学习、工作、生活、交际等各个方面，我们都要面临形形色色的压力，这些压力让我们感觉紧张，但也给了我们前进的动力，所谓“有压力才有动力”，说的就是这个道理。

现代社会，有很多人觉得自己的压力太大，有些人甚至被压力逼迫得患上了严重的精神和心理疾病，表面看来，是过大的压力使得他们遭受了折磨，实际上，真正的原因是这些人不懂得如何调节自己的心理状态。

该有压力的时候，就给自己施加适当的压力，让精神保持在适度紧绷的状态；该放松的时候，也不能完全放纵自己，没有一点压力的情况下，往往出现一些意想不到的事情。美国心理学家的一项研究表明：假如能够采取适当的态度，那么压力将会成为健康的刺激剂，而非威胁。

第二次世界大战结束之后，英国皇家空军曾经统计过在战争中失事的战斗机和牺牲的飞行员的数量，以及战斗机失事的地点和原因。

最后的统计结果有些令人吃惊：引起战斗机失事和飞行员牺牲的原

因中，最主要的竟然不是被敌人击中，也不是糟糕的天气，而是飞行员的操作失误。更令人惊讶的是，战斗机失事的事件发生最多的时段，既不是在进行激烈的战斗时，也不是在敌对手紧急撤退时，而是在顺利完成任务，战斗机即将着陆的前几分钟内。

负责进行统计的工作人员有些难以置信，可是心理学家对此并没有丝毫诧异，他们认为这是一种正常的心理现象。他们的理由是：无论是在激烈的战斗中，还是在紧急撤退时，飞行员都要时刻保持警惕，随时准备应对可能出现的敌情。在巨大的压力之下，飞行员的精神高度集中，所以操纵飞机的时候不会有什么纰漏。可是在顺利完成任务返航的时候，越是离目的地近，飞行员的精神越放松，当他们看到熟悉的跑道、熟悉的营房时，瞬间觉得心中的石头终于可以落地了。正是这短短的一瞬间的放松，使飞行员出现了操作失误，最终酿成了无法挽回的大错。

可见，过度放松并不是一件好事，它给我们带来的危险，甚至比压力带来的危险更大。如果飞行员们能够在降落之前保持一定的紧张度，那么飞机失事的事件就会减少很多，许多优秀的飞行员也不会因为自己的失误而牺牲了。

对于任何一个人来说，压力都是必然存在的，区别仅仅在于有的人压力大，有的人压力小而已。压力会让我们绷紧神经，专注地去做事情，如果没有它，我们就会缺少前进的动力，没有了动力，也就无法创造美好而精彩的人生。

情绪小贴士

压力是一种十分普遍的情绪，它是促使我们进步的动力之一。可是，并不是所有的人都对压力有正确的认识，有些人觉得压力让人变得焦虑，所以想方设法地排解压力，殊不知，压力和动力是一对孪生兄弟，没有了压力，也就没有了前进的动力。

将压力保持在可控范围内

适度的压力可以促使人进步，过度的压力则会让人走向精神崩溃的边缘，只有将压力保持在适度的范围内，它才能发挥最大的积极作用。

生活在这个社会上，确实需要承受一定的压力，无论是主动承受，还是被动承受，这些压力都是鞭策我们不断前进的动力。需要注意的是，我们承受的压力应该保持在一定的范围之内，如果过量，很可能会将我们的精神压垮，那对于我们来说是一件很糟糕的事情。

在物理学上，有这样一个定律：在弹性限度内，弹簧的弹力和弹簧的伸长变化量成正比。很多人在提到这个定律的时候，往往会很注意后半句话，却忽略了定律成立的先决条件，以及“在弹性限度内”。一旦弹簧的伸长量超过了它的弹性限度，那么它的弹力就会受到影响。这就和人需要承受的压力一样，一旦压力超过承受能力，整个人便会垮掉。凡事都有一定的限度，一旦超过临界点，便会出现适得其反的情况。

上大学的时候，小薇是学校里出了名的才女，学习好，心肠好，长相也好，因此成为大家关注的焦点。

小薇因此更加努力，她不愿辜负众人的期待，更不想磨灭自己的理想。小薇喜欢写诗，没事的时候就会写上几首，她的诗清雅脱俗，意境深远，在校刊和杂志上都曾发表。那时的她，骨子里透出一种高雅的气质，无论走到哪里，都会成为人们目光的终点。

大学毕业之后，小薇与同学们一起走进未知的社会。她热爱写诗，也在诗界小有名气。后来，她还利用这个优势开办了自己的公司，从事与写作有关的工作。她最初的理想很简单：给那些真正爱诗、爱写作的人创造一个交流和学习的平台。可是，她显然忽视了社会这个大熔炉的威力，当她不得不面对水费、电费、工资等现实问题的时候，她最初的理想也随之发生了改变。

小薇对物质条件有了更多的追求、更高的要求，为了工作，她推掉了与同学的聚会，减少了回家的次数，生怕浪费了宝贵的时间。家人和朋友都劝她不要把时间排得太紧，要给自己留出放松的时间。可是她根本停不下来，她想买房、买车、扩大公司规模，所有的这一切，都需要金钱来支撑。于是，她夜以继日地工作，时刻紧绷着神经。

终于，她买了房、买了车，公司的规模也已经是之前的两倍大。可是，她又有了新的目标，要换更大的房，更好的车，这样才能跟自己的身份相符。朋友知道她的这种想法之后，有些无奈地对她说：“你还记得当初为什么要成立这家公司吗？现在的你，浑身都是铜臭味。你还能认出你自己吗？”

朋友的话，点醒了小薇：“是啊，自己一直忙着工作、挣钱，为此放弃了很多的聚会和陪伴家人的时间，虽然看起来很充实，但是这些根本不是自己想要的。自己承受的这些所谓的压力，其实都是自找的。”

想到这里，小薇放下自己的工作，开车回到了父母家。

工作的压力，让小薇失去了自己的空间，但是细想之下不难发现，她的压力来自于对物质条件的不懈追求，而这本不是她的最初理想，只要停下来想一想，她就能明白，自己本不必承受如此巨大的压力。

压力是一把双刃剑，只有控制得当，才能更好地将精力投入工作之中，才能获得更加美好的生活。如果始终处于高度的压力之下，精神很容易就会崩溃。就像一根超出弹性限度的弹簧一样，无论怎么修复都无法完全恢复之前的弹性。

情绪小贴士

在社会生活中，每个人都不可避免地受到一些压力的影响，每个人对于压力的承受能力不尽相同，对于压力的反应也会有所差异，可以针对各自不同的情况，制定相应的“抗压”策略，这将有助于我们更好地应对压力。

恰当宣泄，缓解心理压力

遭受重大的压力的时候，一定要想方设法进行宣泄，否则很有可能被压力压垮。在选择宣泄方式的时候，一定要慎之又慎，只有恰当、准确的方式，才能起到放松身心的作用。

现代社会，生活节奏越来越快，人们所要承受的各种压力也越来越大，如果不及时为心理压力寻找一个宣泄的途径，将会对我们的身心健

康产生极大的危害。

就宣泄的方式而言，应该积极向上、充满阳光，这样才能建立乐观、豁达的人生观。如果宣泄方式不当，如采取破坏公物、辱骂他人等手段，非但无法缓解压力，还会给自己招来更大的麻烦。

莉莉今年30岁，是一家跨国企业的人事经理，尽管刚刚工作两年多，但是她每个月的工资已经有一万多。与她的那些同学相比，挣得已经算是多的了。可是，金钱的富足并不能解决心理的压力问题，她常常因为压力太大而身心俱疲。

公司里同事颇多，人员流动也很频繁，再加上公司最近开辟了新的业务，需要大量招聘员工，单单是面试这项工作，就已经让莉莉感觉有些力不从心。每天回家之后，她都有种睡下不想再起来的感觉，可是到了第二天，依然要拖着疲惫的身子赶到公司去上班。

有朋友建议她适当进行一些锻炼，可以调节身心，舒缓紧张的情绪。可是莉莉每天累得倒头就睡，还哪里有时间和精力去锻炼呢？莉莉的父母看在眼里，急在心里，不知道要怎样帮助自己的女儿减压。

过了一段时间之后，莉莉的父母发现莉莉变得很爱上网，每天下班回家之后，就在电脑上写东西，写完之后，莉莉的心情就会轻松很多，压力似乎一下子消失不见了。他们觉得很奇怪，便问莉莉是怎么回事，莉莉告诉他们：“我在玩‘漂流瓶’呢，我把烦恼和压力写下来，放进漂流瓶里，当漂流瓶被人捡起的时候，那个人就会读到我写的东西。尽管并不是每个人都会安慰我，可是在这个过程中我也已经宣泄了心中的压力，整个人都感觉舒服多了。”

莉莉的父母虽然并不知道“漂流瓶”是什么，可是看到莉莉放下压力的包袱，他们都觉得很高兴。

通过“漂流瓶”，莉莉宣泄了心中的压力，这种方式是非常恰当的。这是因为，捡起漂流瓶的人并不知道莉莉是谁，这让她减少了怕被别人认出的压力。另外，这种方式相对平和，既能宣泄情绪，也不会对任何人造成伤害，可谓一举多得的好方法。

面对压力，很多人都想尽情宣泄，而每个人选择的宣泄方式又会有所不同。在诸多可选的方式中，可能伤害别人或自己的方式切不可取，表达过于激烈的方式也不可取，而应该选择一些相对温和、不影响他人的方式，来缓解心理压力，只有选对宣泄方式，才能真正让自己放松下来。

情绪小贴士

每个人都有选择宣泄方式的权利，只是有些人只顾自己而不顾别人，自己是发泄痛快了，可是会给别人带来影响甚至是烦恼，这会引起别人的反感，并不利于搞好关系。只有那些能够做到既宣泄情绪，又不招人烦的人，才是真正的聪明人。

轻装上路，才能看到更加绚烂的风景

现代社会，很多人都背负着巨大的压力，为了应对重压之下的生活，很多人几乎没有自己可以支配的时间，殊不知，如果给自己一个放松的机会，就会看到生活别样的美丽。

人生路上，总有压力相伴。每个人都为了自己的生机或者梦想，努力地向前奔跑。为了过上梦想中的生活，人们会始终绷紧神经，仿佛除了自己的目标，其他的一切都可以忽略不计。压力就像一个重重的背壳，始终压在人们的后背上，为了能背着这个背壳走得快一些，人们只好抓紧一切的时间，整天活在紧张和忧虑之中，全然忘记快乐和享受生活。

确实，想要获得更大的成就，就必须付出比以往更多的汗水和辛劳，可是如果生命中只剩下无休止的工作和简单机械的重复动作，那么人生又何来美好可言呢？

人生苦短，该好好珍惜每一分、每一秒的时间，去实现更大的人生价值，获得更多的美好体验。在漫长的人生之路上，如果只是背着压力一直向前，那怎么会有时间去欣赏路边的美景呢？

赵冬在一家公司工作了六年之后，终于当上了销售经理。

刚刚进入公司的时候，赵冬还是一名实习生，后来转正、做业务员……终于一步步爬上了如今的这个位置。

在这六年的时间里，赵冬没有一刻放松对自己的要求。他不迟到、不早退，主动加班做一些分外的工作……当上经理之后，他觉得更应该做出表率作用，于是对自己的要求更加严格了。为了提高团队的业绩，他夜以继日地工作，没有休息日，没有陪家人的时间，把能用的时间都用在了工作上。在他的监督和指导下，销售部门的业绩有了很大的提升，公司领导十分高兴，对赵冬给予了肯定和表扬。这给了赵冬更大的动力，他更加忘我地工作，甚至经常在公司加班到深夜。

大强度、长时间的工作使得赵冬压力倍增，有时就算躺在床上也没有办法入睡，他的精神状态逐渐变得差了起来，稍有不顺便会大发雷霆。即便是对长期无法陪伴的孩子，他也会突然爆发情绪，吓得孩子不知所措。赵冬的情况越来越糟，他的妻子非常担心。

一天，妻子对赵冬说：“赵冬，你能不能抽出一点儿时间？孩子马上就该上学了，在他上学之前，我想带着他出去旅游一圈，等学习紧张了，再想出去玩就难了。”

赵冬不假思索地说：“我最近一段时间工作都很忙，恐怕抽不出时间。”

妻子又问：“那你什么时候能抽出时间？从孩子出生开始，你就一直在忙。当了经理之后更是变本加厉，天天早出晚归，孩子想见你一面都难。孩子一直在成长，你见证过几个他成长的瞬间？”

妻子的话让赵冬陷入了沉思：是啊，孩子一转眼都要上学了，可是自己陪伴他的时间屈指可数，确实亏欠孩子很多。想到这里，赵冬决定陪孩子出去旅行，弥补一下这么多年缺失的父爱。

在旅行的过程中，赵冬放松了心情，缓解了压力，这才发现，原来生活是如此美好，除了工作，生活中还有许许多多需要关注的事情，人生路上还有许许多多美丽的风景。

忙工作的时候，赵冬总觉得连喘息的机会都没有，更不要说让自己放松下来了。实际上，他感受到的巨大压力都是自己造成的，他总想做得更好，结果给自己戴上了压力的镣铐。因为他总是背负压力前行，导致他无法看到生活的其他方面，生活也就变得死气沉沉、毫无色彩了。

无论什么时候，都不要给自己制造太大的压力，在感觉压力大的时候，一定要想方设法地释放一些，只有放松心情，轻装上阵，才能感受到生活的美好，才能看到人生路上的绚烂风景。

情绪小贴士

面对压力，有些人选择将它扛在肩上，努力前行，结果压力越来越大，让人难堪重负；有些人选择释放压力，轻装上路，所以心态轻松，看到了生命中更加绚烂的风景。这两种不同心态，造就了不同的生活方式，也造就了截然不同的人生。

尽力就好，对结果不必过于看重

> 在某些人的头脑中，结果的重要性远远大于过程，无论在过程中付出了多少努力，只要结果不如预期，他们就会感觉不满。可是，人的能力毕竟有限，只要已经尽力，就没有必要过于看重结果。

世上的所有事情，不可能都一帆风顺，也不可能都达成理想的结果。所谓“不如意事十之八九”，只要已经尽力去做，就不必将结果看得如此重要。这并不是对结果漠不关心，而是一种豁达的态度，对凡事不强求的态度。

只有放下心中的执念，才能淡然地看待一切。如果经常被不理想的结果困扰，那么压力就会不断增加，直至将你压垮。

刚刚结束的2018年俄罗斯世界杯预选赛亚洲区12强赛A组最

后一轮的比赛中，尽管中国队在客场以2：1战胜了卡塔尔队，可惜因为之前获得的积分太少，中国队依然无缘俄罗斯世界杯决赛阶段的比赛。

在比赛开始之前，中国队的命运就已经不在自己的掌握之中，中国队不仅要在客场打胜对手，还要期待本小组的另外两场比赛出现有利于中国队的结果。在重大的压力之下，中国队在开场就对卡塔尔队的球门展开了疯狂的进攻，可惜几次射门都无功而返。中国队球员的心态变得有些急躁，反倒是卡塔尔的反击打得有声有色，中国队的球门几次受到威胁。幸亏门将曾诚发挥出色，力保球门不失。就这样，上半场两队以0：0的平局收场。

中场休息之后，中国队主教练里皮主动求变，用姜至鹏换下任航，改变阵型进行强攻，没想到，下半场刚刚开始两分钟，卡塔尔队便攻入一球，暂时以1：0领先，随后，里皮又换上武磊和蒿俊闵，继续加强进攻，此时，所有人都知道，只有破釜沉舟一条路了。终于，中国队在比赛进行到第74分钟的时候由肖智破门扳平了比分。可是平局对中国队没有任何意义，中国队只能放手一搏，继续投入兵力进行强攻，这也给了卡塔尔队很多的反击机会。比赛进行到第80分钟，卡塔尔展开快速反击，中国队队长郑智被迫采取犯规战术，结果被红牌罚下，这使中国队陷入了更加被动的境地。正当所有中国球迷感觉绝望的时候，武磊在第83分钟攻入了反超比分的一球。此后，尽管中国队场上比对手少打一人，依然在进行积极的拼抢。可惜时间所剩不多，中国队无法再次攻破卡塔尔队的球门，比分最终定格为2：1。

比赛结束之后，中国队的很多球员在接受采访时都表达了类似“压力很大，已经尽力了”的观点，对此，球迷们也都表示认可。尽管再一次无缘世界杯，可是中国球迷并没有像以往那样批评中国球员，而是给

予了肯定和鼓励。这一次，中国队的球员们可以高昂着头走出赛场，因为他们已经为了实现目标发挥了自己最大的能力。

球员和球迷们落下的眼泪中，不仅有伤心，还有许多感动。在比分落后、队长被罚下的种种不利条件下，中国队的球员顶住巨大的压力，最终赢下了比赛，他们已经尽了最大的努力，还有什么好苛求的呢？

中国球迷都是很爱中国队的，他们在意的并不是结果，而是比赛的过程。以前批评队员，是因为队员们缺少拼搏的精神，而在里皮担任主教练之后，队员们的精神面貌有了极大的改观，球迷们看在眼里，喜在心里。即便最终的结果不好，但是只要看到球员们努力拼搏，球迷们就已经心满意足了。

无论是要求别人还是要求自己，“尽力而为”都是一种值得肯定的态度，只要已经尽力做到最好，那么结果如何都已经不再重要。因为人的力量毕竟有限，既然已经做到极致，再怎么要求也是没有办法让结果变得更好。明白了这一点，我们就该放下自己对结果的执着，而去欣赏过程中的不懈努力和辛勤拼搏。

情绪小贴士

无论做什么事情，都应该坚持尽力而为，以最大的努力去追求最好的结果，即便最终的结果不尽如人意，也能高昂着头，给自己一个满意的交代。如果已经尽力，却还要纠结于结果，那就是跟自己过不去，给自己平添压力而已。

情绪测试

不知什么时候，我们心中便会泛起忧虑感，这种感受让人不快，你想知道自己是否正受到忧虑的影响吗？做完下面这个测试，你就会得到想要的答案。

题　目

请认真阅读下列各项陈述，并根据自己的实际情况，选择最符合的一个答案。

1. 假如我没有足够的时间去做完所有的事情，我并不会感到担心。

A. 与我极其相符

B. 与我非常相符

C. 与我中等程度相符

D. 与我有一点儿相符

E. 与我一点儿也不相符

2. 我已经被忧虑控制了。

A. 与我一点儿也不相符

B. 与我有一点儿相符

C. 与我中等程度相符

D. 与我非常相符

E. 与我极其相符

3. 我不是一个喜欢担心的人。

A. 与我极其相符

B. 与我非常相符

C. 与我中等程度相符

D. 与我有一点儿相符

E. 与我一点儿也不相符

4. 有很多场景都让我感觉忧虑。

A. 与我一点儿也不相符

B. 与我有一点儿相符

C. 与我中等程度相符

D. 与我非常相符

E. 与我极其相符

5. 我非常清楚许多事情我不该去担心，但我就是无法控制自己。

A. 与我一点儿也不相符

B. 与我有一点儿相符

C. 与我中等程度相符

D. 与我非常相符

E. 与我极其相符

6. 当我有压力的时候，我的担心会增加许多。

A. 与我一点儿也不相符

B. 与我有一点儿相符

C. 与我中等程度相符

D. 与我非常相符

E. 与我极其相符

7. 我始终会对一些事情心生忧虑。

A. 与我一点儿也不相符

B. 与我有一点儿相符

C. 与我中等程度相符

D. 与我非常相符

E. 与我极其相符

8. 我发现，我可以轻轻松松地排解自己的忧虑情绪。

A. 与我极其相符

B. 与我非常相符

C. 与我中等程度相符

D. 与我有一点儿相符

E. 与我一点儿也不相符

9. 在我做完一项工作之后，马上就会为其他要做的事情感觉担忧。

A. 与我一点儿也不相符

B. 与我有一点儿相符

C. 与我中等程度相符

D. 与我非常相符

E. 与我极其相符

10. 我从来就没有为任何事情担忧过。

A. 与我极其相符

B. 与我非常相符

C. 与我中等程度相符

D. 与我有一点儿相符

E. 与我一点儿也不相符

11. 对于一件事情，如果我唯一能做的事情就是关注其发展，那我就不会再为它操心。

A. 与我极其相符

B. 与我非常相符

C. 与我中等程度相符

D. 与我有一点儿相符

E. 与我一点儿也不相符

12. 我命中注定是一个喜欢发愁的人。

A. 与我一点儿也不相符

B. 与我有一点儿相符

C. 与我中等程度相符

D. 与我非常相符

E. 与我极其相符

13. 我发现，我以前总是会担心各种各样的事情。

A. 与我一点儿也不相符

B. 与我有一点儿相符

C. 与我中等程度相符

D. 与我非常相符

E. 与我极其相符

14. 一旦我的犹豫情绪爆发，那就无法停下来。

A. 与我一点儿也不相符

B. 与我有一点儿相符

C. 与我中等程度相符

D. 与我非常相符

E. 与我极其相符

15. 我一直都处于担忧的情绪之中。

A. 与我一点儿也不相符

B. 与我有一点儿相符

C. 与我中等程度相符

D. 与我非常相符

E. 与我极其相符

16. 无论什么事情，在它完成或结束之前，我的担心始终不会停止。

A. 与我一点儿也不相符

B. 与我有一点儿相符

C. 与我中等程度相符

D. 与我非常相符

E. 与我极其相符

计分方法

本测试的题目中，五个选项 A、B、C、D、E 分别按 1 分、2 分、3 分、4 分、5 分计分，将各题得分相加，得出总分即可。

测试结果

不感觉忧虑的人，一般平均得分在 30 分左右。这类人对于生活充满了希望，能够及时排解忧虑的情绪。

受到忧虑问题困扰的人，一般平均得分在 52 分以上。这类人有时能应付忧虑情绪，有时则会被忧虑情绪所影响。

遭受严重忧虑折磨的人，一般平均得分在 65 分以上。这类人长期遭受忧虑情绪的折磨，需要进行一些心理方面的辅导。

当然，这个测试结果因人而异，在不同的环境和条件下，测试结果会有一些差异，并不能保证每个人的测试结果都准确无误。即便是一些得分很低的人，也可能遭受忧虑情绪的侵袭。

第六章

丢弃抱怨，聪明人不会在唠叨中浪费光阴

细细算来，这个世界上有很多让人感觉不满的人和事，人们难免因此产生抱怨的情绪。这种情绪是一种感情的流露，通常难以避免。只不过，如果长期处于抱怨的情绪之中，人们就会对身边的一切都产生意见，感觉所有的事情都不顺心，这将对人们的身心产生不良的影响。在聪明人看来，抱怨无非是在浪费时间而已，接受现实、不断前进才是正确的做法。

世界本不公平，只能努力做好自己

这个世界上，没有绝对的公平可言。接受这一现实，努力做好自己，就能发现更好的明天；以抱怨对待“不公”，浪费时间，更无益于解决问题。

比尔·盖茨曾经给年轻人提过这样一条忠告：“世界充满不公平，不要试图去改变它，而要去适应它。”这是一句很有深意的话，它告诉我们，在这个世界上，没有完全公平的事情，整天将“为什么会这样”之类的抱怨挂在嘴边，不仅无助于解决事情，还会影响自己的情绪。

当一个人将抱怨当作改变现实的手段时，就会对身边的一切事情感觉不满，他总觉得自己受到了不公平的对待，为自己的不努力、没成绩找借口，把自己的所有遭遇都归咎于外界的原因，之所以出现了不好的结果，并不是自己的过错，而是别人造成的。这种想法对于改变自己的处境没有任何帮助，而真正有意义的做法，应该是努力做好自己，在不公平中活出最精彩的自己。

李明和赵亮是非常要好的朋友，两个人在同一家公司工作，住的地方也很近，所以每天都约好一起上班，一起下班。有时候，两个人还会

约着一起去打篮球或是进行别的体育运动。

一天，公司组织户外拓展活动，李明和赵亮在活动中表现得非常优异，受到了领导的表扬，两个人都觉得十分高兴。可是，天有不测风云，在返回的途中，大巴车突然失控，发生了一起交通事故。

在这场事故中，很多同事都受了轻伤，还有包括李明、赵亮在内的四个人出现了骨折的情况。在医院住了一段时间之后，四个人各自回家休养。

对于这场交通事故，李明始终感觉不满，他认为自己太倒霉了，如果没有这场事故，自己说不定已经升职加薪了；他还抱怨公司领导，要不是领导组织户外拓展活动，他怎么可能遇上这场交通事故呢？李明越想越生气，越生气越是不停地抱怨，每天除了吃饭、睡觉、上厕所，李明把时间都用在了抱怨上。他的情绪更加低落了，心情也很不好。

一天，李明约赵亮出来散心。刚一见面，李明就开始抱怨公司、抱怨同事，为自己的不幸而大倒苦水。而赵亮呢，则笑眯眯地听着李明抱怨，丝毫看不出他对交通事故的不满。等李明暂时停下来的时候，赵亮脸上挂着微笑，说："事故已经发生了，再怎么抱怨都没有用。虽然说我们比其他同事伤得更重，可是我们已经捡回了一条命，还有什么可抱怨的呢？再者说，在休养的这段时间里，我们可以多看看书，学习学习，充实自己的头脑，不是也挺好吗？"

虽然赵亮的话很有道理，但是李明并未理会，他每天依然将大量的时间用在抱怨上。等到身体恢复健康，可以返回工作岗位的时候，李明对自己之前的工作已经很生疏了。就这样，李明仅仅重新工作了一个月的时间，公司就将他劝退了。

赵亮与李明截然相反，他接受了骨折的现实，并且在休养期间努力学习，不仅没对自己的工作感觉生疏，反而拥有了比之前更加坚实的理论基础。赵亮的工作越做越出色，很快就晋升到更高的职位上。

面对相同的遭遇，李明和赵亮采取了截然不同的应对方法。李明的抱怨不仅没有改善自己的状况，反而浪费了很多学习的时间，最终让自己丢掉了工作；赵亮选择接受“不公”，在休养的时候不断学习充实自己，最终受到领导重用。从中不难看出，抱怨于自己毫无益处，不如坦然接受世界的不公平，用自己的努力给自己开创更美好的明天。

在这个世界上，“不公平”的事情太多，起点、条件、环境等因素的不同，都会对一个人的发展产生影响。对于那些无力改变的因素，我们能做的就是坦然接受。倘若非要以抱怨的方式去对待“不公平”，那只会给自己带来更多的烦恼，更多的情绪波动。

情绪小贴士

任何一件事情，从不同的角度去看，总有一些不公平的地方。对于这些不公平，有的人喜欢唠唠叨叨地抱怨，有些人则会以平和的心态坦然接受，不同的对待方式，会带来截然相反的效果，唠叨的人活在绝望里，接受的人则活在希望里。

抱怨是幸福生活的“破坏者”

和谐是幸福生活的重要前提之一，而抱怨则会破坏和谐的氛围，从这个角度上说，离抱怨越远，离幸福的生活也就越近。

比尔·盖茨曾经说过：“假如你陷入困境，不要尖声抱怨困境，而要从中吸取教训。”可见，尖声抱怨对摆脱困境毫无益处，实际上它只是一种无能的发泄而已。

然而，有些人似乎养成了随意抱怨的毛病，只要遇到心情不顺的事情，立刻就会牢骚满腹，不断地抱怨这、抱怨那。工作繁忙、薪水微薄、沟通不畅乃至天气阴凉，都会让他们感觉浑身不自在，由此引发种种抱怨。对于他们来说，发生在他们身上的所有事件，无论大小，都可能成为他们抱怨的对象。

在不断的抱怨中，他们的心情非但无法好转，身心反而都受到了更大的损害。长期处于抱怨的情绪之中，再幸福的生活都会变得充满坎坷。一旦遇到麻烦就不停抱怨的人是不明智的，因为抱怨并不能帮助他们解决麻烦；那些不但抱怨事情，还要抱怨别人的人，更是愚蠢的，他们这样做的结果只会伤人又伤己。

小惠和丈夫结婚三年了，生了一个可爱的儿子。

小惠丈夫的老家在农村，结婚之前她的父母并不同意这门婚事，可是小惠认为丈夫是个踏实本分的人，和他一起生活很有安全感。父母拗不过小惠，只好看着自己的女儿随女婿到农村生活。

小惠的父母虽然不是很有钱，但是养活小惠一个独生女还是绰绰有余的，所以小惠从小就过着衣食无忧的生活。而她丈夫家的情况却大相径庭，靠种地为生，仅仅能够满足温饱而已。

结婚之前，小惠觉得爱情就是一切，只要有爱情，再清苦的生活都算不了什么。可是随着儿子的长大，家庭的开销越来越大，丈夫挣的钱只够勉强维持家庭生活。再加上小惠和公公婆婆没有什么共同语言，小惠对自己的家庭生活越发感到失望。她的情绪越来越差，时不时就会冲着儿子或是公公婆婆发火。公公婆婆无法忍受，于是让小惠的丈夫回来陪她。

本以为丈夫回来之后，小惠的心情会变得好一些，没想到却事与愿违。由于丈夫不再到城里工作，所以家里的生活条件变得更差了，这让小惠产生了更多的不满。她开始后悔当初没有听父母的话，非要嫁到农村来。一想到自己在城市里的生活，她就抱怨丈夫没本事，害得自己跟着他过苦日子。丈夫自认为没有给小惠幸福的生活，所以对小惠的抱怨也没有任何反驳。丈夫的沉默让小惠更加确信丈夫理亏，因此有了变本加厉的理由。小惠开始对身边的一切都感觉不满，只要丈夫有一点不顺从她，她马上就破口大骂，边骂边抱怨丈夫的种种不是，将自己如今的凄惨生活全部归咎于丈夫身上，认为丈夫是造成自己不幸的罪魁祸首。

对于小惠的抱怨和责骂，丈夫一直保持隐忍的态度，他很爱小惠，也理解小惠从城市来到农村之后的心理落差。他本以为小惠习惯这样的生活之后就会有所转变，可是这种隐忍换来的却是小惠更加粗暴和无情的责骂。终于有一天，在小惠又一次唠唠叨叨地抱怨时，丈夫忍无可忍地说："如果你觉得无法过这样的生活，那咱们就离婚吧！我也不想耽误你的大好青春。"听了丈夫的话，正在气头上的小惠立刻收拾行李回到了城里。

不久之后，小惠和丈夫办理了离婚手续，一个本来很幸福的家庭，就这样在抱怨声中分崩离析了。

生活条件的巨大变化，让小惠从对爱情的美好憧憬中逐渐"醒来"，残酷的现实，让小惠的情绪发生了剧烈的波动。小惠没有正确地改善这种心理落差，而是以抱怨的方式来发泄对现实的不满。久而久之，她便被抱怨情绪"绑架"了，在她眼里，所有的不幸都是丈夫的错。殊不知，一家人在一起生活，最重要的就是相互理解、相互扶持，

这样才能将家庭生活过得更加幸福和美满。

在一个家庭中，家庭成员之间的关系对每一个家庭成员都会产生巨大的影响。人们常说“家和万事兴”，只有家庭氛围保持和谐，才能让万事兴旺。而抱怨，则会破坏家庭团结，它对幸福生活有着难以想象的破坏力。所以说，为了家庭幸福和家庭成员的事业发展，聪明人总会努力远离抱怨的情绪。

情绪小贴士

抱怨会破坏家庭生活的良好氛围，一个懂得生活、懂得维护家庭的人，通常不会将抱怨挂在嘴边。那些只图一时痛快或是完全不顾其他家庭成员的抱怨者，将注定无法享受幸福的家庭生活，因为他们的抱怨已经伤害了其他家庭成员的感情。

立足他人角度，化解抱怨情绪

抱怨的情绪不仅会影响自己，也会影响身边的人，聪明人不会让自己被抱怨的情绪吞噬，所以他们懂得站在别人的角度上去看待抱怨，从源头上化解抱怨情绪。

在我们身边，总有一些喜欢抱怨的人，每每听到那些抱怨的声音，难免觉得不耐烦，甚至会以抱怨的方式进行反击。实际上，如果能够静下心来细想一下，很容易就能发现，倘若我们“以其人之道还治其人之身”，那我们所做的事情恰恰是自己反对的，这不是自相矛盾吗？

必须承认，抱怨确实是一种具有传染性的情绪，如果长期与一个喜欢抱怨的人同处一个空间，我们很容易就会变得烦躁不安、充满怨气。即便只是为了改变自己所处的环境，我们也应该想方设法地化解对方的抱怨情绪，这对于改善自己的情绪也是大有益处的。

小丽是一家休闲餐厅的服务员，每天都要和形形色色的顾客打交道。

一天，小丽给一位顾客端去一杯红茶。不久，顾客便大声叫嚷起来：“服务员，你赶紧过来看看！”

小丽急忙走到顾客面前，那位顾客指着红茶抱怨道：“你看看！你看看！你们的牛奶是不是过期的？把我的红茶都给搞坏了！”

小丽看了一眼红茶，立刻向那位顾客道歉说：“实在对不起！先生。您稍等一下，我马上给您重新上一杯红茶。”

片刻之后，小丽端来了一杯新的红茶，与之前那杯一样，餐碟上依然配备了新鲜的柠檬和牛奶。小丽小心翼翼地将红茶放在那位顾客面前，并轻声细语地对顾客说道：“不好意思，不知道我能不能向您提出一个建议，如果您想放柠檬的话，那就不要再加牛奶了，因为有的时候柠檬会让牛奶结块，而且会影响红茶纯正的味道。”

听了小丽的话之后，那位顾客一下红了脸，他匆匆忙忙地喝完红茶，结账走了。

对于小丽的做法，其他的顾客有些不解：“明明是因为他自己不懂，

红茶才出现问题，而且在那里大声抱怨，你不仅没有解释，反而给他换了一杯新的红茶，就不担心其他的顾客误会你们的牛奶真有问题?”

虽然小丽脸上挂着委屈的表情，但是她仍然面带微笑地说：“那位先生就是因为不明白其中的缘由，所以才会抱怨的。如果我直接说明是他自己的错误，想必他很难接受，那样非但消除不了抱怨，反而激化了矛盾。更重要的是，一旦发生争吵，会影响其他顾客的心情。所以无论从哪个方面来说，针锋相对的抱怨都是有害而无益的。相反，我站在他的角度上去思考问题，以委婉的方式解释其中的原因，在平静的交谈之中就化解了他的抱怨情绪，何乐而不为呢?”

听了小丽的话，众人都对她竖起了大拇指。在受到委屈的时候，依然能从对方的角度去考虑问题，这是一种多么博大的胸怀啊!

顾客不明就里的抱怨，让小丽受尽了委屈，可是她非但没有针锋相对地予以回应，反而站在顾客的角度上，去体谅顾客的感受，这让顾客心生愧疚，抱怨的情绪自然也就烟消云散了。

对于喋喋不休的抱怨者，聪明人往往会以更加宽容的心态去对待。因为聪明人都知道，抱怨的情绪具有很强的传染性，只有站在抱怨者的立场之上，帮助他们化解抱怨情绪，这才是对大家都有益处的选择。

情绪小贴士

面对喜欢抱怨的人，以抱怨的方式进行回应是很不明智的做法。在互相抱怨的过程中，非但无法将抱怨情绪化解，反而会使其以更快的速度产生和积累，以至于让双方遭受更多的折磨。只有站在对方的立场上，互相理解和包容，才能彻底远离抱怨情绪。

不要把抱怨变成习惯

有些人习惯于抱怨，工资、绿化、交通等生活中的任何一件事情，都可能成为他们抱怨的对象。他们喜欢去发现“不足”，而不愿去看美好的一面。

在琐碎的生活中，每天都会发生很多的事情，如果你总是因为一些鸡毛蒜皮的小事而心生不满，不断地抱怨身边的人和事，那你哪里还有时间去做该做的事情呢？

那些将抱怨当作习惯的人，往往只能看到生活中的不如意之事，而看不到生活中美好的一面。在他们眼里，所有的一切都无法令人满意，于是不断地抱怨这抱怨那，结果自己的情绪越来越差，整个人生都陷入混沌之中。

其实，如果他们可以控制自己的抱怨，以积极的心态和眼光去看待生活，生活中的美好便会越来越多地出现在他们身边。

方欣婷刚刚从一所名牌大学毕业，就收到了很多公司的面试邀请，精挑细选之下，她选择了一家比较满意的公司前去面试。

经过几轮面试之后，方欣婷如愿得到了工作，意气风发地准备开始

全新的职场生活。

然而，上班的第一天，方欣婷就对自己的办公位置感觉不满，她想坐在一个显眼的地方，而不是公司安排的那个角落里。经过协调之后，方欣婷终于得到了理想的位置。可是，她的抱怨并没有停止：工作服太难看了，工作餐太难吃了，工作时间太不合理了，同事的水平太差了，等等。在她眼里，几乎没有什么事情能够令人感觉满意。

刚刚开始的几天里，出于对新人的照顾和对人才的珍惜，经理并没有对方欣婷进行直接的批评，而是以应该注意团结、适应环境之类的话来提醒她。可是，方欣婷不仅没有收敛，反而变本加厉，将自己的抱怨扩展到更大的空间和范围。对于这种情况，经理已经无法忽视。站在对整个团队负责的角度上，经理将所有的情况向总经理做出了汇报，并提出了“方欣婷已经不适合这个团队”的看法。

总经理经过了解、调查之后，发现经理反映的情况属实，为了整个公司的利益考虑，他只能忍痛割爱，做出了辞退方欣婷的决定。

方欣婷怎么也没想到，抱怨的习惯不仅断送了她的第一份工作，还让她在之后的工作中屡屡碰壁，毕业三年之后依然没能得到一份稳定的工作。

痛定思痛，方欣婷决定改变抱怨的习惯。看到不满意和不合理的事情，她不再随口就说，而是记录下来，然后以建议的方式反映给自己的上级。这种方式取得了良好的效果，方欣婷从一个令人讨厌的抱怨者变成了一个让人欣赏的建议者。虽然想要说明的事情是一样的，但是因为方式不同，所产生的效果也有了很大的不同。

方欣婷习惯性的抱怨给她带来了很多负面的影响，当她意识到这一点的时候，便积极地进行了改变。当她能够控制自己的抱怨情绪，并将其转化为建议的时候，她的精神已经得到了升华，人生之路也发生了巨大的转折。

很多抱怨者并不是天生喜欢抱怨，抱怨的最初目的只是希望事情能够向着良好的方向发展，可是，并不是所有的事情都能按照他们预想的那样发展，于是，抱怨者便会产生失望的情绪，由此产生了更多的抱怨。日复一日的抱怨，就会形成一种惯性。一旦养成抱怨的习惯，人的思维方式就会转向消极，抱怨的范围就会逐渐加大，这对于解决问题只是有害无益。

情绪小贴士

几乎没人愿意成为一个喜欢抱怨的人，因为每个人都知道这样的人不受欢迎，殊不知，抱怨的习惯是逐渐养成的，持续不断的抱怨会让人不知不觉地将抱怨变成习惯。想要避免这种情况发生，那就应该从生活中发现更多的快乐，而不是时刻抱怨生活的不如意。

学会反省，抱怨自会消失不见

喜欢抱怨的人，往往会将过错推到别人身上，却看不到自己的不足，因而无法取得进步；懂得反省的人，通常会从自己身上寻找问题，并积极进行改进，不去推卸，自然也就没有抱怨。

在生活中，相信很多人都有过这样的想法：自己明明很努力，也一直在追求上进，但是总有些事情让人无法满意，始终无法达成自己想要实现的目标。一次次的挫折让人备受折磨，于是情不自禁地抱怨整个世界，总觉得身边没有欣赏自己这匹“千里马”的伯乐，自己的付出也没有得到应有的回报。

细细思考一下，真的是因为没人欣赏或是生不逢时吗？也许你确实很努力，但是你竭尽全力了吗？真的和你自己一点关系都没有吗？你所做的一切真的那么完美无瑕吗？一味地抱怨别人，抱怨环境，这并不是解决问题的态度，而是一种推卸责任的做法。抱怨越多的人，越是看不到自己的不足，他们总认为自己已经足够努力，做得足够好，却没有去想自己是否可以更进一步，以求获得更好的机会。

喜欢抱怨的人，总喜欢将问题归咎于别人身上，却无法看清自己的不足。正如泰戈尔所言：“我们错看了世界，却反过来说世界欺骗了我们。”

赵晴从一所名牌大学的人力资源管理专业毕业之后，就与一家公司签订了三年的工作合同。

刚刚参加工作的时候，赵晴自知经验不足，因此在人事助理的岗位上任劳任怨地辛勤工作。工作一年之后，赵晴觉得自己各方面的能力都有所提高，完全有能力坐上人事主管的位子。恰好，之前的人事主管离职，赵晴认为自己的升迁机会来了。出乎赵晴意料的是，人事经理竟然将晋升机会给了另外一个同事。那个同事只是大专学历，只不过比赵晴早两年到公司而已。

赵晴越想越觉得生气，她抱怨上司大材小用，埋没人才，纠结了几天之后，她写了一份辞职报告交给了人事经理。

人事经理看完报告之后，平静地问赵晴："你是不是觉得人事主管的位子应该由你来坐？"

赵晴毫不隐瞒地说："是，我觉得我的能力完全可以胜任这一职位。"

人事经理又问："那好，请你告诉我，人事主管的职责范围是什么？招聘的时候，应该怎么判断一个人是否可以胜任？"

赵晴有些支支吾吾："人事主管主要负责人事方面的工作，招聘的时候应该……应该……"

赵晴一时不知该如何回答，可她没觉得这是大问题，反而心怀不满地嘀咕："这些工作我都没有独自承担过，怎么可能知道得那么详细呢？等我当上人事主管，我自然就能学会了。"

人事经理见赵晴不再说话，便对赵晴说："你的学历够，学习能力强，也很有上进心，这些我都知道。可是你连人事主管的职责范围都说不清楚，如果让你坐上这个位子，你又怎么开展工作呢？再者说，这一年的工作中，你始终扮演着跟随者的角色，人事主管所需要的领导能力并未有所展现。所以我认为，在现阶段，你的主要任务应该还是学习和积累经验，等你的能力达到可以胜任人事主管的水平时，升迁机会自然就会降临到你身上的。"

听了人事经理的话，赵晴不好意思地低下了头，她满脸通红地拿回辞职报告，将精力全部投入到工作中。

赵晴认为自己的能力足以胜任人事主管，当这一职位旁落他人的时候，她便抱怨人事经理埋没自己，甚至提交了辞呈，可是在和经理沟通之后，她发现了自己的不足。当她将精力用于工作和反省时，自然也就没有时间去抱怨了。

俗语有云："天生我材必有用。"如果你觉得自己的才能无从发挥，那也不要急着抱怨，应该先审视一下自己，看看你是不是真的有才能，是不是真的可以独当一面。有的时候，我们觉得自己的能力已经够了，可是事实并非如此。毕竟理论和实际是有很大区别的，当我们没有受到领导青睐，没有得到晋升的机会时，最好反省一下自身的问题，而不是喋喋不休的抱怨。当我们可以发现自己的不足，并努力进行改进时，不仅可以远离抱怨，也可以变成更好的自己。

情绪小贴士

经常抱怨的人，总是认为自己没有过错，他们所遭受的一切，完全是别人的责任。这种推卸的想法和处事手段，并不能将他们从糟糕的境地中解救出来，唯有学会反省，从自己身上找到问题的根源所在，才能摆脱抱怨的侵扰。

机会总在抱怨中悄悄流逝

对于很多人来说，自己的工作似乎总是无法让他们感到满意，于是他们不断地跳槽，希望获得更好的机会，殊不知，在他们的抱怨声中，机会已经悄悄地从他们身边溜走了。

现代社会中，跳槽是一种十分普遍的现象。有些人总是马不停蹄地换工作，有时候在一家公司还没上满一个月班，就跳槽到另外一家公司了。可是跳来跳去，根本找不到一家适合他们的公司，等他们认识到可能无法找到适合自己的公司时，时光已经被他们浪费了很多。

如果去问他们为什么跳槽，他们给出的原因不外乎以下几个：

"每天干活累得要死，拿到手的工资却少得可怜，这工作太差劲了！"

"老板实在太抠门了，加班不给加班工资，非要调休！"

"领导的能力太差了，跟着他根本就学不到什么东西！"

"公司的制度太不完善，这得到什么时候才有升职的机会啊？"

实际上，这些所谓的原因，只不过是他们的抱怨而已。他们之所以浪费了大把的青春，并不是被他们所在的公司逼迫的，而是他们自己一手造成的。如果他们不去抱怨，而是在一家公司中脚踏实地地工作，或许他们早就已经出人头地了。

赵刚从名牌大学毕业之后，找到了一份很好的工作，家人、朋友都为他感到高兴。正式入职之后，赵刚在公司附近租了房子，开始为自己的未来打拼。

几个月之后，赵刚的女朋友搬来和他同住。虽然两个人的工资刚刚够花，但是日子过得还算惬意。

可惜好景不长，赵刚又工作了几个月之后，便对公司充满了抱怨。每天下班回家，他都会对女朋友抱怨公司的种种问题，不是说公司的领导能力不行，就是说公司的制度不完善。抱怨了一个月之后，赵刚从公司辞职了，而且很快就找到了另一个他感觉更好的工作。

在新公司正式工作几天之后，赵刚将家搬到了公司附近，可是工作

了两三个月之后，赵刚又开始抱怨起公司来，于是他又换了一个工作，又搬了一次家。短短的两年时间里，赵刚一共换了五个工作，搬了四次家。刚开始的时候，赵刚的女朋友还觉得可能真是赵刚的工作不太理想，所以他才会跳槽，但是反反复复几次之后，她有点怀疑是赵刚自己不愿意好好工作，抱怨公司只不过是他的借口而已了。

终于，在赵刚有一次要换新工作的时候，他的女朋友忍不住了："毕业还不到三年，你已经换了五个工作了，每一个工作都干不了多长时间，总是这么折腾，你什么时候才能发展起来呢?"

赵刚理直气壮地说："就是因为这些公司不给我发展的机会，我看不到前途何在，所以才要跳槽的啊!"

女朋友毫不相让："要我说啊，不是公司不给你机会，是你自己没有珍惜机会。你总在抱怨公司，总是关注公司不好的方面，就算有机会你也看不见。如果你能改变一下心态，把你抱怨公司的时间和精力都用在工作上，我想你的能力和业绩都会得到提升的。到那个时候，就算你不去找，机会也会来找你的。退一步说，即便真的没有机会，你也应该自己去创造机会，而不是把时间浪费在抱怨上。如果你继续这样下去，不仅你的未来没有保障，咱们两个的未来更没有保障。"

听了女朋友的话，赵刚陷入了沉思之中。

对于赵刚来说，真正的问题并不是公司不给他发展的机会，而是他自己没有去发掘机会，因为他将精力都用在了抱怨上，哪里还有精力去关注机会呢？在他不断抱怨的时候，机会已经从他身边悄悄溜走了。

生活中，总会有许多可以抱怨的人和事，如果任由抱怨的情绪发作，很容易就会被抱怨遮住眼睛，即便机会就在眼前，我们可能也无法看到。所以，想要得到机会并抓住它，就应该做一个努力而不抱怨的聪明人。

情绪小贴士

世界上没有尽善尽美的事情，工作当然也不例外，当一个人总是抱怨自己的工作并不断跳槽时，说明他并没有将精力投入到工作中。越是唠唠叨叨地抱怨，机会越是绕着他走，因为抱怨的情绪让他变得烦躁和盲目，他根本就注意不到机会的出现。

情绪测试

每个人情绪的变化，总是非常迅速而多变。掌控自己的情绪状态，可以帮助我们更好地应对眼前的事情，获得更好的发展机会。你的情绪管理能力如何？做完下面这个测试，你就可以找到想要的答案。

题　目

请认真阅读下列各项陈述，并根据自己的实际情况，选择最符合的一个答案。

1. 即便发生了不愉快的事情，我依然可以若无其事地考虑其他事情。

   A. 不是

   B. 说不清楚

   C. 是的

2. 我不会在小事上斤斤计较，而且常常保持真诚、直率的态度。

   A. 不是

B. 说不清楚

C. 是的

3. 我习惯于在纸上记录下担忧的事情，并时常进行整理。

A. 不是

B. 说不清楚

C. 是的

4. 在做事情的时候，我通常可以发现比规定目标更具实现可能的目标。

A. 不是

B. 说不清楚

C. 是的

5. 面对失败的结局，我会认真进行总结，反省失败的原因，但是并不会眉头紧蹙，整天唉声叹气。

A. 不是

B. 说不清楚

C. 是的

6. 我喜欢悠闲的生活，善于自娱自乐。

A. 不是

B. 说不清楚

C. 是的

7. 我经常听取别人的意见并积极改进自己的不足。

A. 不是

B. 说不清楚

C. 是的

8. 做事情的时候，我总是积极地按照计划展开，遭受挫折也不会垂头丧气。

A. 不是

B. 说不清楚

C. 是的

9. 在陷入困境的时候，我可以积极地改变自己的生活方式或生活节奏，努力去适应新的生活。

A. 不是

B. 说不清楚

C. 是的

10. 在学习方面，即便别人比我成绩优秀，我依然会坚持“走自己的路，让别人说去吧”的宗旨。

A. 不是

B. 说不清楚

C. 是的

11. 即便只是取得一点点的进步，我也会表现出自己的高兴。

A. 不是

B. 说不清楚

C. 是的

12. 对于有益于自己的东西，我愿意一点一滴地进行积累。

A. 不是

B. 说不清楚

C. 是的

13. 做事情的时候，我很少被感情冲昏头脑。

A. 不是

B. 说不清楚

C. 是的

14. 虽然很想做某件事情，可是自己估计难以做到时，我就会打消念头。

A. 不是

B. 说不清楚

C. 是的

15. 我通常可以进行理智、缜密的思考和判断，但又不会拘泥于细枝末节。

A. 不是

B. 说不清楚

C. 是的

计分方法

本测试的题目中，三个选项 A、B、C 分别按 0 分、1 分、2 分计分，将各题得分相加，得出总分即可。

测试结果

得分 0～10 分：说明被测者的情绪稍显不稳定，时常有瞻前顾后的表现。此种情况下，应该与自己的朋友或医生多进行一些交流，让他们帮助分担一些压力。

得分 11～20 分：说明被测者的情绪稳定性还可以，但是在管理情绪方面还有些欠缺，需要通过相关的学习来解决问题。

得分 21～30 分：说明被测者具有很强的情绪管理能力，善于自我反省并有能力去处理好自己的事情。

当然，这个测试结果因人而异，在不同的环境和条件下，测试结果会有一些差异，并不能保证每个人的测试结果都准确无误。

第七章

正视嫉妒，聪明人乐于为别人鼓掌

嫉妒心理的产生，源于从他人身上看到了自己不足的一面，当看到别人优于自己时，心中便会生出许多的不平。适度的嫉妒，可以刺激我们去弥补不足，追赶那些强于我们的人；过度的嫉妒，则会蒙蔽我们的眼睛，让我们刻意躲避那些比我们优秀的人。如果无法处理好嫉妒这种情绪，会给我们带来巨大的影响和伤害。

心胸要宽广，莫被嫉妒遮住眼睛

> 嫉妒比自己更加优秀的人，这是人之常情，可是一旦嫉妒过度，通常就会产生偏激的念头。只有以博大的胸怀去接纳别人，才能看清自己的不足，获得前进的动力。

伏尔泰曾经说过：“凡是缺乏才能和意志的人，最容易产生嫉妒。”很多人之所以嫉妒别人，正是因为自己技不如人却又心生不甘，只能用这种方式来排解心中的不平。一旦任由嫉妒心理恣意生长，嫉妒者就会慢慢远离那些比自己优秀的人，最终落得形单影只的后果。

相信很多人都懂得“团结就是力量”“三个臭皮匠，赛过诸葛亮”之类的道理，这些看似简单的真理都在告诉我们一个真理——孤孤单单一个人的话，是很难取得成功的。如果可以以欣赏的眼光、宽广的胸怀去看待和接纳身边的人，而不是被嫉妒蒙住眼睛，那么我们会更容易取得成功。

在篮球界中，一提起迈克尔·乔丹，很多人都会情不自禁地产生敬仰之情。他所取得的伟大成就和一个个难以逾越的纪录，令热爱篮球的人们热血沸腾、激情昂扬。

不可否认，乔丹是一名伟大的篮球运动员，他将篮球这项运动推到了一个全新的高度。他的伟大，不仅仅在于他高超的球技，更在于他那宽广的胸怀。

在乔丹的职业生涯中，在公牛队时带领球队六次夺得NBA总冠军的经历无疑是辉煌的。在这个过程中，他的作用不可替代。这不仅体现在得分等比赛数据上，也表现在他给队友带来的精神动力上。乔丹明白，篮球是一项集体运动，即便自己的能力再强，也需要其他队友的帮助和配合才能赢得最终的胜利。为了避免队友过于依赖自己，他总是努力发现队友的优点，并进行积极的鼓励，以帮助队友尽量发挥出自己的实力。在他所有的队友中，皮蓬受到的鼓励相对是较多的。

有一次，乔丹问皮蓬："咱们两个谁的三分球投得比较好?"

皮蓬不假思索地说："当然是你了!"

乔丹显然不同意："不对，是你!"

众人不解，因为从命中率的统计数据来看，乔丹显然更胜一筹。对此，乔丹解释道："皮蓬投三分球的时候动作十分标准，稳定性高，随着比赛的增加，以后肯定会有所提高的。而我投三分球还有很多不足。"

除此之外，乔丹还夸赞皮蓬双手都能扣篮，技术比较全面，在这一点上优于自己。对于皮蓬的优点和长处，乔丹总是不吝赞美之词。对于队友强于自己的方面，乔丹并没有因嫉妒而将其埋没，而是鼓励队友积极发挥优势，不断强化自己的优点。

正是因为乔丹拥有宽广的胸怀，愿意承认和接纳每一名队友的优点和长处，才使得球队形成了强大的凝聚力，使得每个人都能在合适的位置上尽情发挥自己的能力，从而帮助公牛队赢得了一个又一个的冠军。

对于队友的长处，乔丹能够及时发现并予以鼓励，从而激发了队友们的潜能和热情。相反，如果他因为嫉妒而去打压队友，那么整支球队就会变成一盘散沙，想要赢得胜利甚至是冠军，也就成了天方夜谭。

心胸宽广的人，能够接受别人强于自己的事实，即便心生嫉妒，也只是将嫉妒当作促使自己进步的动力，而不会被嫉妒遮住眼睛。他们知道，嫉妒别人的优秀并不会改变别人比自己优秀的现实，如果一味沉浸于嫉妒之中，那就无法看到前进的方向。与其在嫉妒中空耗生命，倒不如认清自己的不足，脚踏实地地去创造自己的优势。

情绪小贴士

相信很多人都曾见过“嫉妒成性”的人，一旦嫉妒发作，便会出现剧烈的情绪波动，甚至变成一个他们自己都不认识的人。想要改善这种状况，可以从认识自己的不足着手，只要可以正确认识自己的不足和别人的长处，嫉妒感就不会那么强烈和明显地出现了。

用自信扑灭嫉妒之火

对自己缺乏信心的人，往往觉得自己不如别人，因此会对那些优秀的人产生嫉妒之情；对自己充满信心的人，则会认为自己是优秀的人，所以即便有嫉妒之情，也会很快消失不见。

对于某些人来说，嫉妒情绪来源于自己的不自信，当他们看到别人优于自己的时候，就会觉得别人比自己强得多，这种“认输”的心态让他们嫉妒心大发，因此而受到嫉妒心理的折磨和煎熬。

如果一个人能够始终对自己充满信心，始终相信自己身上有别人所不具备的优点，那么即便在某些方面确实不如别人，他也能以积极的心态看待这种不足，而不至于放大自己的劣势而忽略了自己的优势。

自信的人总是充满斗志，会通过自己的努力去追赶那些优于自己的人，而不是自怨自艾，只顾在嫉妒中耗费宝贵的时间和生命。当他们真的能与那些优于自己的人齐头并进时，本来残存的一点点嫉妒也会随之烟消云散。

小李和小赵是从小一起长大的朋友，两个人一起从小学到大学，一直在同一所学校读书。在毕业之后，两个人也很有“默契”地到同一家公司工作。

两个人之间的关系，可谓十分亲密和玄妙。可是，对于小李来说，和小赵在一起的日子并不是十分美好，他时常对小赵充满嫉妒。原因在于，在上学的时候，小赵的学习成绩总是优于小李。小李觉得，这么多年来自己一直活在小赵的阴影之下，始终没有出头之日。和小赵在一起的日子，他总是充满压力，对自己也逐渐失去了信心。小李本以为毕业之后就可以摆脱小赵，没想到依然要在同一家公司工作。小李心中暗暗叫苦，但是并没有轻易认输，他暗下决心，一定要在工作中超过小赵，让小赵也嫉妒自己一回。

为了达到目的，小李在工作中投入了极大的精力和热情，可是在工作半年之后，仍旧是小赵率先得到了升职的机会。那一刻，小李觉得天都要塌了，因为他再怎么努力也无法超越小赵，这让他的自信心受到了极大的打击。从此，小李开始破罐子破摔，对小赵也从嫉妒变成了抱怨甚至是怨恨，整个人的工作状态呈现出迅速下滑的趋势。

小赵发现了小李的变化，便约小李一起出去喝点酒、聊聊天。小李本就心情不佳，正想借酒浇愁，于是欣然前往。两个人聊着聊着，就聊到了从小学到工作的这段时光。酒后的小李说出了自己的嫉妒和不甘，也感叹自己注定无法赢得与小赵的较量。

小赵劝慰小李说："你嫉妒我所取得的成绩，其实这成绩里也有你的功劳。这么多年来，你在我身后一直拼命追赶，让我丝毫不敢松懈，只能玩命地往前跑。如果没有你，我哪儿来的这么大的动力呢！"

小李有些惊讶，简直不敢相信自己的耳朵。

小赵接着说："说句心里话，我觉得其实你比我更优秀，因为你具有坚韧不拔的精神。你会嫉妒我，其实我也会嫉妒你。如果咱俩换个位置，我想我早就放弃追赶了。你能坚持这么多年，这种精神就很让我嫉妒。"

听了小赵的话，小李一下来了精神：原来自己身上也有小赵嫉妒的优点，只是自己一直没有发现而已。产生这样的认知之后，小李的自信稍微恢复了一些，随着时间的推移，他的工作越做越出色，对小赵的嫉妒也越来越少了。

小李对小赵的嫉妒，源于他认为自己与小赵相比没有任何优势，始终生活在小赵的阴影之下，当他发现小赵对自己也存在嫉妒之情的时候，整个人的状态发生了极大的转变，对小赵的看法也随之发生了变化。

很多时候，我们之所以嫉妒别人，是因为我们自认为不如别人，正是这种"认输"的心态，使得我们将别人放在高高在上的位置，而将自己置于卑微的位置。聪明人则不会产生这种心态，他们相信自己能做到别人所做的事情，成为别人嫉妒的对象。可以说，自信是消除嫉妒的良方。

情绪小贴士

对于大多数人来说，越是深陷过度的嫉妒情绪，越会受到“不如别人”之类的念头的侵扰，想要改变这种状态，要先从自身入手，寻找值得别人嫉妒的优点并不断将其放大，当自信占据心灵的时候，嫉妒自然就失去了生存空间。

学会欣赏，将嫉妒变为前进的动力

之所以嫉妒别人，是因为别人比自己优秀，从这个角度上说，嫉妒是一种追求美好的渴望和动力，只要掌握好其中的度，它对我们来说是大有益处的。

有一句话叫作“尺有所短，寸有所长”，意思是说每样事物都有缺点和优点。如果将寻找别人的缺点和发掘别人的优点视作两项工作的话，相信很多人都愿意去做前一项工作，而不愿去做后一项。原因其实很简单，那就是每个人都希望自己比别人优秀，而不愿接受别人比自己优秀的事实。

实际上，大凡能够取得成就的聪明人，往往都懂得欣赏别人的能力，发现别人的优点，只有这样，他们才能吸收各家所长，为自己创造成功的机会。美国钢铁大王安德鲁·卡内基给自己写的墓志铭——长眠于此的人懂得在他的事业发展的过程中起用比他自己更加优秀的人——就可以很好地说明这一点。

就本质而言，人们的嫉妒源自对美好的向往，当一个人发现自己不如别人的时候，嫉妒之情就会油然而生。从这个角度上说，嫉妒可以成为促使我们变得更好的动力，我们要做的就是控制好嫉妒情绪的度。

美国前总统亨利·杜鲁门是一个十分要强的人，对于比自己优秀的人，他总会心生嫉妒。

上中学的时候，杜鲁门有一个名叫查理·罗斯的同学。学习成绩优秀，品行也很端正，受到了同学和老师们的喜爱。尤其是在学校颇有威信又十分漂亮的布朗小姐，对罗斯更是有着很高的评价和期待。在毕业典礼上，布朗小姐为了表达对罗斯的喜爱，竟然当众亲吻了罗斯。这一出人意料的举动，引起了很多男生的不满，尤其是杜鲁门，出于对罗斯的强烈嫉妒，他当众指责布朗小姐偏心。

此后，杜鲁门和罗斯分别在自己喜欢的行业中打拼，并分别在自己的领域取得了很大的成就。杜鲁门的成就自不用说，罗斯在报纸行业勤恳工作，成绩卓著，后来被杜鲁门总统任命为白宫负责出版事务的首席秘书。

两个中学时的同学，在机缘之中再次走到了一起。只是这一次，杜鲁门站在了比罗斯更高的位置。无论彼此之间是何种关系，杜鲁门依然像中学时一样，以欣赏的眼光看待罗斯，这让他始终能和罗斯保持亲密的联系。从某种意义上说，正是因为罗斯的优秀，才促使杜鲁门付出更大的努力，获得更大的成功。

杜鲁门对罗斯的嫉妒，让他将罗斯当成了一面旗帜、一个目标。杜鲁门欣赏罗斯的能力和水平，从心底里渴望获得与罗斯相同的成功，所以他才会不断地努力向前。从这个角度上说，嫉妒变成了杜鲁门催促自己不断前进的动力，这是一种正向的推动力。

嫉妒本身并没有错，我们只是需要学会欣赏别人的长处而已，只有懂得欣赏，才能从别人身上找到前进的目标和方向，进而促使自己变成一个更有序的人。如果只是单纯地嫉妒，而不采取任何行动，我们就会被嫉妒的情绪影响，甚至连人生观、价值观都可能发生扭曲。

情绪小贴士

每个人都有自己的优点和缺点，对于自己的缺点，人们往往可以忍受；对于别人的优点，很多人却不懂得欣赏。这种差异化的看待方法，使得人们常常被嫉妒的情绪左右，一旦嫉妒超出可控范围，就会对人际关系产生严重的影响。

越嫉妒，越痛苦

> 嫉妒是一种十分正常的情绪，但需要将其控制在正常范围之内，一旦超越边界，嫉妒就会给人们带来痛苦，而且越是嫉妒，就会感受到越深的痛苦。

星云大师说过：“人的嫉妒心像一把双刃的刀，你举起它时，虽满足了伤害别人的目的，但也使得自己鲜血淋漓。”此话不假，嫉妒就像一把双刃剑，一旦举起，双方都将受到伤害。可以说，嫉妒是一种能够给人带来痛苦体验的情绪，如果长期沉迷其中，自己将要遭受的痛苦往往是最大的。

喜欢嫉妒别人的人，往往无法接受别人在地位、职位、能力等方面强于自己，一旦发现诸如此类的问题，他们往往会产生敌意，将那些优于自己的人视作自己前进路上的障碍，以至于产生诋毁甚至是攻击别人的行为。这不但会给别人带去伤害，也会让自己深受痛苦的煎熬。正如弗朗西斯·培根所说：“就像毁掉麦子一样，嫉妒这恶魔总是在暗地里，悄悄地将人间那些美好的东西毁掉。”

嫉妒让人心生不满，却又不愿采取行动去改变，别人越是优秀，嫉妒心就越是强烈，越是觉得别人比自己优秀，心中的痛苦就越发多起

来。在这种恶性循环中，嫉妒者的心将遭受越来越痛苦的煎熬，却又无法从痛苦中解脱出来。

赵新强是一名大三的学生，他的成绩在班级名列前茅，其他方面的表现也很优秀，是老师眼中的好学生，很多人都将他视作未来的栋梁之材。

然而，赵新强对自己的处境并不满意，因为从大一开始，他的同学李想总能在考试中获得班级第一名，这让赵新强一直心有不甘。更让赵新强嫉妒的是，李想平时并没有在学习上花费很多时间，而是将课余时间用在运动等文娱活动中。

为了超过李想，赵新强几乎将所有的时间都用在了学习上。当李想在球场上踢足球、打篮球的时候，赵新强在教室里刻苦读书；当李想和同学们外出聚会、唱歌的时候，赵新强还在教室里刻苦读书。可是，到了考试的时候，李想依然能够获得班级第一。赵新强的嫉妒情绪更加强烈了，他想不通，自己明明比李想更加刻苦，也花费了更多的时间，可是为什么就无法逾越李想这座大山。

从大一到大三，数次努力而无法看到成果之后，赵新强的嫉妒越发强烈起来，只要一想到李想，他就感觉充满了痛苦。在赵新强看来，李想已经不是友善的同学，而是自己前进路上的敌人。这种敌对的情绪让赵新强更加痛苦不堪，一想到自己要败在敌人的手下，他就感觉行将死去一般。

在巨大的痛苦和压力之下，赵新强逐渐变得敏感起来，稍微出现一点不如意的情况，他就会变得异常暴躁。鉴于他的精神状态已经不适合在学校继续学习，他只好办理了休学手续，回家调整心理状态了。

赵新强从老师眼中的栋梁之材，变成休学在家的暴躁之人，罪魁祸首就是他的嫉妒心理。对李想的过分嫉妒，让他迷失了自己，在越来越深的嫉妒中，他能够感受到的只是越来越多的痛苦。最终，他不堪精神压力的重负，变成了另外一个人。如果赵新强能够正确认识自己的嫉妒，不是将李想当作敌人而是朋友，并主动向李想求教一下学习的方法，最终的结局会不会大不相同呢？

过分的嫉妒心理，会让人产生错误的认知，越是嫉妒，就越会对优于自己的人产生敌对的情绪，嫉妒情绪和敌对情绪的双重影响，会让人产生双倍甚至数倍的痛苦，当这种痛苦超过嫉妒者的承受能力时，嫉妒者便会走到精神崩溃的边缘，甚至变成一个异于常态的人。

情绪小贴士

对于嫉妒的情绪，我们应该主动去释放，而不是任其越积越多。当嫉妒积累到一定程度的时候，会给人带来痛苦等不良的心理体验。如果可以正视并以积极的心态去消除嫉妒，痛苦的感觉也会随着嫉妒的消失而逐渐减轻。

嫉贤妒能，会让人自食恶果

世界上有才能的人比比皆是，我们应该承认并接受这一事实。从有才能的人身上获取更多的知识和经验，才有助于我们的进步；如果嫉贤妒能，我们的利益也可能受到损害。

比较是人的一种天性，毕竟每个人都希望自己更优秀一些，即便已经取得了常人难以企及的成就，也会自己和自己比较，希望明天的自己会比今天的自己更加优秀一些。

这种比较的意识普遍存在于人们的头脑中，通过比较，才能看出优劣，才能找准定位和目标。从这个角度上说，比较是一种让人认知自我的手段，对于我们而言具有十分重要的意义。然而，有些人错误地看待了“比较”，一旦发现别人比自己强，就会产生强烈的嫉妒心理，看到别人比自己优秀，就感觉无法容忍，以至于因嫉妒而做出一些有损于对方的事情。

实际上，对于大多数人来说，这个世界上优于自己的人比比皆是，想将那些优秀的人全部踩在自己脚下，显然只是痴人说梦而已。一味嫉贤妒能，最终的结果很可能是搬起石头砸自己的脚。

在《三国演义》中，周瑜和诸葛亮争斗的故事是非常吸引人的，相信很多人都有所了解。

周瑜嫉妒诸葛亮的才能，于是处处和诸葛亮较量，想要战胜诸葛亮。然而，周瑜的数次筹谋都被诸葛亮看透，终究没能达成目的。这令周瑜的嫉妒情绪变得更加强烈，行为方面也变本加厉起来。

蜀吴两国联合抗击曹操，本应同心协力，共商大计，周瑜却将诸葛亮视作个人和吴国的大敌，想将诸葛亮杀掉以免除后顾之忧。于是，周瑜以军队缺箭为由，要求诸葛亮十天之内造出十万支箭，想要通过这个手段置诸葛亮于死地。诸葛亮看破了周瑜的计谋，但他早已成竹在胸，不仅欣然应允，还将期限改为三天。周瑜欣喜若狂，他认定诸葛亮无法完成任务，便与诸葛亮立下了军令状。

周瑜本以为三天期限到期之日，便是诸葛亮人头落地之时，没想到诸葛亮借助江上的茫茫大雾，以“草船借箭”的方式，从曹操那里得到了十万支箭。周瑜的计谋再次落空，诸葛亮的才能则得到了进一步的展现。

周瑜得知诸葛亮“借箭”的过程之后，深知自己的才智无法与诸葛亮相比，但是嫉贤妒能的心态并未有多大改观，在之后与诸葛亮的数次较量中，周瑜始终无法占得便宜，最终被“三气”而死。将死之时，周瑜所说的“既生瑜，何生亮”一句，不仅体现了周瑜的无奈和不甘，也被后人视作嫉贤妒能的表现之一。

在周瑜和诸葛亮的缠斗之中，诸葛亮最终成为赢家，千方百计想要谋害诸葛亮的周瑜，反倒被活活气死。周瑜的嫉贤妒能，不仅没能为自己和吴国争得利益，反而害得自己丢了性命，让人不禁为他扼腕叹息。

对于优秀的人，我们应该以宽广的胸怀去欣然面对，并从他们身上学习优秀的东西，这样才能在将来的某一天变成一个比对方更加优秀的人。不愿接受别人的优秀或是攻击那些比自己优秀的人，只会显出我们的愚昧无知和自私无能，聪明人是无论如何也不会做出这样的事情的。

情绪小贴士

掌控内心的平衡，才能理智地看待别人的优点，进而取长补短，让自己变成更加优秀的人。如果一味嫉妒，甚至排挤那些优秀的人，那我们只能生活在一个狭小的空间里，缺乏进步的动力和空间。聪明人会将优秀的人当作一面镜子，努力去做更好的自己。

情绪测试

每个人都会在某些时刻产生一些嫉妒别人的心理，这种心理会让人积极追求进步，力争获得更加美好的东西。但是过度的嫉妒心理，则会让人迷失自我，陷入消极的情绪中无法自拔。你的嫉妒程度有多高？做做下面这个测试，答案自有分晓。

题　目

请认真阅读下列各项陈述，并根据自己的实际情况，选择最符合的一个答案。

1. 我常常拿自己和别人进行比较。

A. 是的

B. 说不清楚

C. 不是

2. 在我看来，别人的成就、才干、长相之类，都没什么大不了的。

A. 是的

B. 说不清楚

C. 不是

3. 在别人遭遇挫折的时候，我会产生幸灾乐祸的感觉。

A. 是的

B. 说不清楚

C. 不是

4. 别人取得成功的话，会让我联想起自己的不幸。

A. 是的

B. 说不清楚

C. 不是

5. 假如我不喜欢某一事物，我会尽力说服别人跟我保持同样的观点。

A. 是的

B. 说不清楚

C. 不是

6. 我非常希望将那些成功人士打败，让他们成为我的手下败将。

A. 是的

B. 说不清楚

C. 不是

7. 我觉得生活就是一场比赛，我要成为最后的胜利者。

A. 是的

B. 说不清楚

C. 不是

8. 看到别人获得成功，我会很生自己的气。

A. 是的

B. 说不清楚

C. 不是

9. 有的时候，我会采取一些手段以阻止别人取得成功。

A. 是的

B. 说不清楚

C. 不是

10. 我从来就没有满足的感觉。

A. 是的

B. 说不清楚

C. 不是

11. 我希望自己能够比别人拥有更多的东西。

A. 是的

B. 说不清楚

C. 不是

12. 我总是想方设法地从多种渠道搜集对自己有利的信息。

A. 是的

B. 说不清楚

C. 不是

13. 我会因为不如别人而感到痛苦。

A. 是的

B. 说不清楚

C. 不是

14. 我感觉我不是一个善于嫉妒的人。

A. 是的

B. 说不清楚

C. 不是

计分方法

本测试的题目中，三个选项 A、B、C 分别按 2 分、1 分、0 分计分，将各题得分相加，得出总分即可。

测试结果

得分 0～8 分：说明被测者的心态较为正常，并没有过多嫉妒的表现。

得分 9～19 分：说明被测者的嫉妒心理较重，看到别人优于自己就会有较大的情绪波动。

得分 20～28 分：说明被测者的嫉妒心理问题有些严重，需要进行积极的调整，及时恢复正常心态。

第八章

跨越自卑，聪明人常常展现迷人自信

自卑是一种怀疑自己、轻视自己的心理感受。从理论上说，每个人都会在某个阶段、某个时间受到自卑的侵扰。可是，每个人对于自卑的感受会有明显的不同，这也是不争的事实。其原因在于，每个人对自卑情绪的反应有强弱的不同，对自卑情绪的控制能力也有大小之分。聪明人往往能够正确认识并合理掌控自己的自卑情绪，尽量避免受到自卑的影响。

不妄自菲薄，是跨越自卑的前提

在做任何一件事情之前，一旦产生“我肯定不行”的念头，那就注定无法取得成功。只有摆脱妄自菲薄的思想，才能实现战胜自卑的目标。

无论做什么事情，总要努力过才能知道是否可以成功。如果在没有开始之前，就已经认定自己注定失败，那么失败就是一件不可避免的事情。人一旦妄自菲薄，就会失去自信，没有了自信的人，自卑往往会热情地找上门来。

对于任何一个人而言，想要在任何方面获得成功，“做”都是不可或缺的重要组成部分和必经的步骤之一。倘若做都不做就想成功，那简直就是异想天开；倘若连做都没有做就主动认输，那就是一个人自卑的表现。对于一个总将“我做不到”挂在嘴边上的人来说，成功确实是遥不可及的；而始终无法获得成功，难免又会让人产生自卑的情绪。这是一种恶性循环，只会不断加剧人的自卑心理，给人造成更大的负担和影响。

人们常说：“尝试去做有可能会失败，但是不去尝试就永远没有机会成功。”可见，获得成功的重要前提就是积极地去尝试。只有迈出“尝试”这一步，才能为摆脱自卑打下坚实的基础。

有一位跳高运动员，在第一次参加重要比赛时，就以黑马的姿态拿下了奖牌，一时间风靡全国，广受追捧。

在随后的几年中，他的成绩稳步提升，跳高界的一颗明星似乎正冉冉升起。可惜的是，在一次训练中，他不幸扭伤了脚踝，在做完手术之后，他只好休养一段时间。这次的伤病，对于他而言是一次重大的打击，毕竟他的成绩正在上升期，突然中断的训练会让他的身体机能发生很大的变化，再加上心理方面的影响，想要恢复之前的水平确实有些难度。不仅跳高运动员自己深感担忧，众人也为年少成名的他倍感惋惜，很多人认为受伤之后的他很难再有大的突破。

在身体完全恢复之后，跳高运动员投入了积极的训练之中。可是在经过一次又一次的尝试之后，他依然难以达到受伤之前的水平。他越跳越没有信心，从心底里认为自己无法再创佳绩。

在一次训练之后，他的教练问他："跳高的时候，你的心里在想些什么？"

"每当我起跳的时候，我总会担心自己的脚踝，我觉得自己根本没有办法像之前那样发力，所以肯定也无法取得之前那样的成绩。再说了，大家都觉得我无法恢复之前的水平，大家的眼睛总是雪亮的。"跳高运动员回答。

"别人怎么看你并不重要，重要的是你要相信自己的实力。现在你的脚踝已经完全恢复了，跳起的时候，你只要记着动作要领，放松自己的身体，一定可以顺利越过横杆的。"

跳高运动员听取了教练的意见，在接下来的一次练习中，终于顺利越过了横杆。捅破了这层窗户纸之后，他终于可以正常地发挥自己的水平，在之后的比赛中创造了很多新的纪录。

因为伤病及外界评论的影响，跳高运动员对自己产生了怀疑，在起跳之前，他就已经认定自己无法越过横杆，这种自我否定，使得他失去了信心，一次接一次的失败也就不让人感觉意外了。然而，当他放下心中的顾虑和怀疑，以自信的姿态去迎接挑战时，胜利便主动向他招手了。

任何一个人，都不应该妄自菲薄，在没有尝试之前，完全没有否定自己的理由，如果总是不相信自己，任由自卑的情绪作祟，那么成功只会离我们越来越远。

情绪小贴士

妄自菲薄的人，通常都没有自信，他们不相信自己能够做出优异的成绩，因此而失去了前进的动力。在他们看来，既然注定要失败，那还不如不去尝试，以免增加自己的自卑情绪。殊不知，没有经过尝试的放弃，才是真正的自卑，因为他们连追求胜利的勇气和机会都没有。

打破自卑的枷锁，开创不一样的人生

长期的自卑情绪会消磨一个人的上进欲望，让人浑浑噩噩地度过每一天。聪明人则会冲破自卑的束缚，通过自己的努力，去获得令人瞩目的成绩和人生。

自卑是一种消极的自我评价，被这种情绪困扰的人往往会觉得自己在某些方面不如别人，进而产生消极的情绪。自卑心理比较严重的人，往往会看不起自己，认为自己什么都比不上别人。如果长期存在自卑心理，人们就会变得消极悲观，对生活中的一切都失去兴趣，完全没有积极上进的欲望。

一旦被自卑的情绪控制，我们的精神世界将变得黯淡无光，思维也会受到极大的束缚，这对于我们的成长和发展都是非常不利的。更严重的情况下，自卑情绪会让人产生极端的思想，甚至会对自己及身边的人都产生巨大的伤害。如果不能及时消除自卑的情绪，人的一生都将在痛苦和煎熬中度过。

维克多·格里尼亚是非常著名的法国科学家，曾经获得过诺贝尔化学奖。就是这样一位优秀的成功人士，在年轻的时候同样有过被自卑刺痛的经历。

维克多·格里尼亚出生在一个家境富裕的家庭中，从小就养成了一些花花公子的恶劣习惯。从他的表现来说，完全算得上一个游手好闲、爱出风头的纨绔子弟。他仗着自己相貌英俊、生活富足，总是喜欢玩弄一些女性的感情。

在一个宴会上，维克多·格里尼亚对一位从巴黎来的美女一见钟情，于是像之前追求女士一样紧紧跟了上去。没想到，那位女士冷冰冰地对他说："请您站得离我远一些，因为我最讨厌花花公子来阻挡我的视线。"

美女的话刚说完，附近的人便将视线转移到了维克多·格里尼亚的身上，这让维克多·格里尼亚顿感羞愧，一种强烈的自卑感油然而生，他突然觉得自己是那么微不足道、不值一提，居然被一个美女厌恶，简直是奇耻大辱！

内心的耻辱感和自卑感让他十分后悔，因此他离开自己的家，计划到外地去求学，用知识来武装和改变自己。他进入了里昂大学，作为插班生与同学们一起努力学习。他远离一切娱乐和社交活动，全心全意地投入到学习和研究之中。

在名师的指点和长期的坚持之中，维克多·格里尼亚取得了令人瞩目的成绩。

维克多·格里尼亚用知识武装自己，最终打败了自卑情绪。为了获得不一样的人生，他付出了常人难以体会的辛劳，最终用自己的努力赢得众人的认可。

自卑者会看低自己，他们不相信自己的能力。在他们的眼中，世界总是灰暗的，成功对于他们来说只是一种奢望，很难有实现的那一天。聪明人则会想方设法地去战胜自卑，他们会用自己的方式去打破自卑的枷锁，以自信的眼光去看待这个世界，并通过自己的努力去创造一个全新的美好人生，取得令人羡慕的巨大成就。

情绪小贴士

自卑者对自己的评价总是以消极为主，他们认为自己不如别人，自然也无法取得像别人那样的成就。对于自卑者来说，自卑情绪是阻碍他们前进的绊脚石，只有将它们彻底移开，才能获得成功的人生。

相信自己是与众不同的

在这个世界上，每个人都是独一无二的，只是有些人更多关注自己的不足，而非长处，所以自卑的情绪才会滋生和蔓延，相信自己是独特的，也就有了战胜自卑的契机。

古语有云："天生我材必有用。"想必每个降生在这个世界上的人，都有其存在的价值和意义。即便在某些方面存在不足，也依然可以有发挥自己能力和特长的空间；即便身有残疾，也可以在某些领域里发光发热，成为众人关注的焦点。所以说，即便真的在某些方面不如别人，也不要轻易感觉自卑，而要坚信自己是与众不同的，总会有展示自己的机会出现。

2010 年 5 月，俞敏洪曾在中国传媒大学南广学院进行过一场演讲。他说：

"我们这辈子最容易犯两个错误，一是觉得自己这辈子可能不会有大的作为，另一个是料定别人不会有作为……人总希望自己成为伟大的艺术家，总希望自己成为伟大的事业家，或者伟大的企业家等。但是，为什么有的人做到了，有的人没做到？就是因为做到的人，他们一定从心底里相信，自己这辈子一定能做成事情。"

俞敏洪用自己的经历告诉台下的莘莘学子：这个世界上，并没有天生的成功者和失败者，只要相信自己，肯坚持，肯努力，完全可以做成自己想做的事，成为自己想成为的人。

俞敏洪说得很对，人生不可预料，只要相信自己，总会有成功的可能。如果因自卑而放弃自己，放弃自己的目标，那么一切都是空谈，没有丝毫的意义。

每个人的身体里都蕴含着无限的潜能，只是很多人并不愿意相信，或是稍稍努力之后不见效果，便轻易地否定了自己。尤其是在遭受冷遇，被人忽视的时候，很多人不自觉地就会垂头丧气，对自己失去信心。这种时候，人们往往会放大自己的不足，而忽视自己的长处。不难想象，在这种自卑的情绪中，自然不敢去奢望所谓的成功了。这时候，自信心会因为自卑的心理而受到极大的抑制。

小明出生在一个十分贫寒的家庭中，自卑的情绪总是萦绕他的心头。由于父母经济拮据，小明上学很晚，直到十五岁才上了初中一年级。年龄偏大加上学习成绩不好，所以同班的同学时常取笑小明，这让他感觉更加自卑了。

小明觉得自己一无是处，和同学们比起来没有任何的优点。上学的时候，小明总是低头走路，也不愿意和人说话，唯恐别人嘲笑自己。可是他越是沉默寡言，越是有同学拿他找乐。虽然他的个子比同学高出一截，但是自卑的心理让他不敢进行反抗，只能任由同学们嘲讽和讥笑。小明并不是不想自信起来，只是一直没有什么事情能让他建立起自信心而已。这种情况终于在一次学校运动会后发生了变化。

运动会上，小明代表自己的班级参加了同年级的篮球比赛，尽管他的技术并不过关，可是他的身高优势发挥了很大的作用，他站在篮下，就像是一道无法逾越的屏障，令对手吃尽了苦头。最终，小明和同学们一起赢得了冠军。

在举起奖杯的那一刻，小明忽然意识到，原来自己并不是一无是处，他完全可以在篮球场上发挥自己的优势。从此之后，小明变得自信起来，他的篮球水平越来越高，学习成绩也逐渐好了起来。

小明的自卑，源于自己与同学间的差距，他无法找到自己的优势，因此总被自卑情绪侵扰。然而，在篮球场上找到自信之后，他的整个状态都发生了极大的变化，这让他重获新生。

每个人都有与众不同之处，发现自己的优点，转换积极的心态，自卑情绪自然就不再是困扰了。虽然对于很多人而言，说起来容易做起来难，但是只要愿意发现、努力发现，总能找到自己的特长所在，进而将自卑的情绪尽快消灭。

情绪小贴士

自卑的人习惯于夸大自己的缺点，他们总觉得自己不如别人，甚至觉得自己一无是处，这让他们无法以平和的心态和眼光去看待自己的一切。从心态进行改变并积极寻找自己的闪光点，是自卑者战胜自卑的捷径之一。

缺点人人有，不必为此而自卑

有些人能够坦然面对缺点，有些人则会因缺点而感觉自卑，实际上，自卑的情绪是完全没有必要的，毕竟每个人都有缺点，这是一个不争的事实，不可能每个人都要以自卑的姿态示人。

人的心理是非常奇妙的东西，总会在不知不觉间对人的思想和情绪产生影响。在面对同一件事情的时候，每个人都会有不同的心理状态，因此也就有了不同的反应和认知。

以个人的缺点举例来说，有些人对自己的缺点并不在意，有些人对自己的缺点十分关注，有些人觉得有缺点很正常，有些人则为自己的缺点感觉自卑……不同的人，会有不同的感受，会有不同的反应，既然知道每个人都有自己的缺点，那就完全没有纠结的必要，倒不如放宽心，用坦然的态度面对缺点，让缺点成为我们前进的动力。

张天雷在一家小型公司里做了三年的业务员，他自认为水平已经足够，于是前往一家大型公司应聘，希望获得一个工作的机会。

面对众多的业务高手，张天雷深知自己的资历还远远不够，想从这样一家大公司得到机会，仅仅有能力显然是不够的。于是，张天雷为了引起面试官的注意，便在自己的简历上下了一番功夫。

面试那天，当轮到张天雷时，只见他不紧不慢地走到面试官跟前，然后很有礼貌地递上了自己的简历。

面试官看到张天雷的简历之后，明显被震慑到了。他惊讶地说："别人都是尽量写自己的优点，你怎么把自己的缺点都写上了？"

张天雷平静地说："公司在招聘人才的时候，不仅希望了解人才的能力，也希望了解人才的缺陷所在，这样才能得到更加全面的认识。我这样做，不仅是想让面试官更加了解我，而且我相信，任何人都有缺点，只有敢于直面缺点，才有可能改正缺点。"

张天雷所做的事情确实给面试官留下了深刻的印象，他非常欣赏张天雷敢于直面缺点的勇气，于是将工作机会交给了他。

对于自己的缺点，张天雷没有掩饰，他的坦诚和勇气，为自己赢得了工作机会。有些人或许会认为，这只是他应付面试的一种技巧和手段而已，不可否认，这种因素确实存在，可是换个角度想一想，如果他因自己的缺点而自卑，自认为无法与其他的应聘者抗衡，那他很可能直接就放弃了应聘的机会，又怎么能够获得工作呢？

无论是谁，都会有自己的缺点，这一点毋庸置疑。如果要为缺点感到自卑的话，那么每个人都会被自卑缠身。可是事实上，我们能够看到的因缺点而自卑的人毕竟只是少数。这并不是说大多数人没有自卑的情绪，而是说明很多人并没有因为自己的缺点而自卑。

如果一个人因为自己的缺点而自卑，那么他会越来越深地陷入自卑之中而无法脱身。因为缺点不可避免，所以自卑就无法摆脱，认识到这种关联之后，我们就该知道，想要跨越自卑，必须正视缺点。其实，缺点并不可怕，只要正确认识它们，它们就不再是我们前进的障碍。

情绪小贴士

对于缺点，越是自卑，越会感觉负担沉重。其实，缺点是必然的存在，完全没有必要因为它们而感觉自卑，只有坦然面对，才有机会去改正自己的缺点，让自己变成更优秀的人。聪明人也有缺点，但是他们明白缺点不可避免，因缺点而自卑，不过是庸人自扰而已。

莫在比较中迷失自己

很多人喜欢将别人的成功作为“比较”的标准，而没有去想创造属于自己的成功，这种不明智的比较方法，很容易让人迷失自我。

人们常说“人比人，气死人”这句话，说明人与人之间的比较，经常会让人产生落差甚至是自卑的情绪。但是在很多情况下，人与人之间的比较并不是公平的条件下进行的，所以比较的结果也没有太大的参考性。因此，在工作和生活中，我们只要努力做好自己，努力做好自己的事情就行了，没有必要非得和别人一较高下。

如果非要和别人比较，甚至是用自己的短处和别人的长处比较，那就是自寻烦恼甚至自找侮辱。比如说，你明明擅长踢足球，却非要和一个擅长打篮球的人比赛打篮球，可想而知，最终的结果通常不会让你满意。倘若你再因为这样显而易见的结果产生自卑情绪，那只能说你是在自寻烦恼了。

所谓“术业有专攻”，每个人都有自己擅长的领域，任何一个人都不可能在所有的方面都比别人优秀，所以说，在自己擅长的领域做好自己的事情，才是一个人应该做的事情，无谓的比较，只会让自己深受伤害。

有一位男士，一直非常努力地工作，期待着有一天能够开创一片属于自己的天地。可是理想毕竟是理想，和现实之间存在着巨大的差距。他经过多年的努力依然没能取得自己想要的成就，因此在失望之余，更平添了自卑的情绪。

为了摆脱窘境，他去拜访了自己的大学老师，希望老师能够给他一些指点。见到老师之后，男士愁眉苦脸地问道：“为什么别人努力之后就能取得成功，而我无论怎样都达不到他们那样的水平呢？”

老师并没有回答男士的问题，而是笑着反问了他一个问题：“听到‘芳香’这个词的时候，你首先想到的是什么？”

男士想了想，说：“我会想到蛋糕店的糕点。尽管我的蛋糕店倒闭了，可是我总记得店里的芳香味道。”

老师略微沉思了一下，便带着男士出门了。老师带着男士去拜访了一位动物学家，并向动物学家提出了相同的问题。

动物学家不假思索地说：“说起‘芳香’，我首先想到的是有些动物会利用身体散发的味道，去吸引异性或是捕猎食物。”

得到动物学家的答案之后，老师又带着男士来到了一位书法家的家里，并向他提出了同样的问题。

书法家回答："一听到'芳香'两个字，我就想到了写字用的墨汁，墨汁的芳香让我觉得沉醉，我很喜欢在墨香四溢的环境中创作书法作品。对于我来说，这是一种美好的享受。"

从书法家出来，男士依然不明白老师是何用意，老师也不解释，只是一个人在前面走着。此时，恰巧有一位与老师相识的华侨富商走了过来。于是，老师迎上前去，将之前所问的问题又问了一遍。

华侨富商深情地说："一提起'芳香'，我最先想到的就是我可爱的故乡。在国外的时候，最让我魂牵梦绕的就是故乡那泥土的芳香，如今终于回来了，我再也不想离开自己的故乡。"

和华侨富商告别之后，老师问那位男士："今天我已经带你认识了好几位成功人士，他们和你对'芳香'的看法一致吗？他们几个人对'芳香'的看法一致吗？"

男士不明就里，只是呆呆地回道："不一致。"

老师并没有责怪男士理解能力差，而是充满耐心地说："每个人都有属于自己的'芳香'，你也不例外。这种'芳香'本就因人而异，各不相同，你又何必和别人进行比较呢？你总在意别人的'芳香'，却忽视了自己的，这就是在自寻烦恼啊！"

听了老师的话，男士终于明白了老师的用意。于是，他重新焕发斗志，决定创造属于自己的"芳香"。男士重开了蛋糕店，并潜心研究让蛋糕更美味的制作方法。经过数年的研究和经营之后，男士的蛋糕店成为远近闻名的商户，每天来买蛋糕的人都络绎不绝。

男士总拿自己和别人做比较，总是向往别人所取得的成功，却没有去想如何利用自己的优势，走出一条属于自己的路，获得别样的成功。在不断的比较中，他的自卑情绪越来越多，这让他开始怀疑自己，失去了前进的动力。

很多人习惯于欣赏别人的成功，总觉得别人的天空更加美丽，所以迷失了自我，并因此产生了自卑的情绪。实际上，每个人都有一片属于自己的天空，有一条属于自己的人生之路。无论别人如何生活，只要我们做好自己，认真走好人生中的每一步，就可以创造属于自己的美好未来。

情绪小贴士

无论世事如何烦扰，人生如何多变，我们都要把握好自己，相信自己可以赢得属于自己的东西。很多时候，我们不必与人比较，只要做好自己的事情，走好自己的路就可以了。否则，我们就会在比较中迷失自我，始终生活在别人的阴影之下。

放大自己的优点，让自卑无处藏身

每个人都有自己的优点，只是自卑者往往看不到而已，抓住自己的优点，并不断将其放大，等到优点大到可以占据整个心灵的时候，自卑自然也就无处藏身了。

在这个世界上，成功的人总是占据少数，而多数人总是平凡地度过自己的一生。实际上，从某种角度上说，世界上的任何一个人都有获得成功的可能，只是有些人因为自卑而不敢相信自己能够成功，不敢迈出获得成功的第一步而已。

就成功者而言，他们并没有什么不为人知的秘诀，之所以能够成功，是因为他们相信自己能够成功，而且找到了可以帮助自己获得成功的优点，并将这种优点逐步放大。当他们将自己的优点放大到其他人难以企及的程度时，成功自然就来到了他们身边。

很多时候，放大自己的优点可以帮助我们战胜困难，克服自卑。当然，放大优点应该以正确认识自己的优点为基础，如果所谓的优点根本就算不上优点，那么这种“放大”只是一种浮夸，是一种自欺欺人的做法。

19世纪的法国，有一个生活窘迫的青年人，从乡下到巴黎寻求一份谋生的差事。青年人辗转找到了父亲的一位朋友，希望他能给予自己一点帮助。

两人见面寒暄之后，父亲的朋友问青年人：“年轻人，你擅长什么？数学怎么样？”

青年人羞涩地摇了摇头。

“那么历史或是地理呢？”

青年人再次羞涩地摇了摇头。

“法律或是其他相关的学科呢？”

青年人羞愧地低下了头。

“没关系，那么你懂会计方面的知识吗？”

……

青年人简直无地自容了，他的头埋得越来越低，似乎在用这种方式表达自己的惭愧。父亲的朋友给自己提供了那么多选择，可是自己竟然没有一样能做好。他觉得自己简直一无是处，没有任何优点可言。

父亲的朋友并没有因此而对青年人失去信心，他笑着对青年人说：“别担心，你是我老朋友的孩子，我会帮你找到一份工作的。不然你先把地址写下来吧，我到时候再联系你。”

青年人的脸羞得通红，他惭愧地写下自己的地址之后，就急急忙忙地转身，想要离开这个让他深感耻辱的地方。正在这时，父亲的朋友却叫住了他，亲切地对他说：“年轻人，你的字写得非常漂亮，这就是你的特长啊！就冲这一点，你也不应该只是找个糊口的工作，你完全可以找到一份更体面的工作。”青年人简直不敢相信自己的耳朵，字写得漂亮也能算作优点？他带着疑惑看向了父亲的朋友，很快便从他那坚定的眼神中得到了肯定的答案。

告别父亲的朋友之后，青年人感受到了前所未有的精神动力。他想着：“我的字写得漂亮，能给人带来视觉上的享受；既然我能把字写得漂亮，那我是不是能写出引人入胜的文章呢？”“字写得非常漂亮”这个优点让青年人受到了极大的鼓舞，他从这个小小的优点开始，不断地放大自己身上的优点，整个人慢慢变得自信起来。

经过数年的勤奋学习之后，而这个青年人终于获得了成功，赢得了世人的尊重，这个青年人，就是法国著名作家大仲马。在大仲马的一生中，他创作了很多脍炙人口的作品，如《三个火枪手》《基度山伯爵》等，至今仍受到广大读者的欢迎。

大仲马自认为一无是处，因此感觉无比自卑，但是父亲的朋友发现他“字写得非常漂亮”，并以此鼓励大仲马，大仲马以这个优点作为契机，不断放大自己的优点，最终取得了令人瞩目的成就。

自卑的人，往往更加关注自己的缺点，对自己的优点总是视而不见。可是，聪明人总是懂得从缺点中发掘优点，哪怕只是一个小小的优点，他们也可以将其不断放大，最终迎来成功的一天。试想一下，如果大仲马仅仅将父亲朋友的赞扬视作善意的安慰，他就不会对自己的优点进行更深刻的思考，也就不会去放大自己的优点，那么，他就无法取得日后的成就。

实际上，每个人都或多或少地有一些自卑的情绪，成功者和失败者的区别在于，成功者懂得用思考和发展的眼光去看待自卑，从自卑中发现自己的优点；失败者则会陷在自卑的泥沼里，任由自己的优点腐烂。

情绪小贴士

自卑者常常犯下的错误，是忘记了“每个人都有优点和缺点”这句话，他们常常只能看到缺点，而忽视了自己的优点。聪明人则不是这样，即便被自卑的情绪包围，他们也能从自卑中看到自己的优点，通过不断放大自己的优点，他们获得了自信，同时也赶走了自卑。

情绪测试

羞怯是一种十分常见的情绪，很多人对它充满了担忧，处于羞怯状态中的人，通常会表现出焦虑的情况，你的羞怯程度如何呢？通过下面这个测试，来检验一下自己吧！

题　目

请认真阅读下列各项陈述，并根据自己的实际情况，选择最符合的一个答案。

1. 和不太熟悉的人在一起的时候，我会感觉紧张。

A. 非常不相符或不真实

B. 不相符

C. 中性

D. 相符

E. 非常相符或真实

2. 在社交方面，我的表现非常糟糕。

A. 非常不相符或不真实

B. 不相符

C. 中性

D. 相符

E. 非常相符或真实

3. 向别人打听事情这件事，我觉得并不困难。

A. 非常相符或真实

B. 相符

C. 中性

D. 不相符

E. 非常不相符或不真实

4. 在聚会或是其他社交活动中，我常常感觉不自在。

A. 非常不相符或不真实

B. 不相符

C. 中性

D. 相符

E. 非常相符或真实

5. 和一群人在一起时，我一般找不到合适的交谈话题。

A. 非常不相符或不真实

B. 不相符

C. 中性

D. 相符

E. 非常相符或真实

6. 在一个全新的环境里，我用不了多长时间就能克服自己的羞怯。

A. 非常相符或真实

B. 相符

C. 中性

D. 不相符

E. 非常不相符或不真实

7. 和陌生人相处的时候，我通常会表现得很不自然。

A. 非常不相符或不真实

B. 不相符

C. 中性

D. 相符

E. 非常相符或真实

8. 在与权威人士交谈时，我会感到十分紧张。

A. 非常不相符或不真实

B. 不相符

C. 中性

D. 相符

E. 非常相符或真实

9. 对于自己的社交能力，我具有十足的信心。

A. 非常相符或真实

B. 相符

C. 中性

D. 不相符

E. 非常不相符或不真实

10. 如果我的面前站着人，我很难做到直视他。

A. 非常不相符或不真实

B. 不相符

C. 中性

D. 相符

E. 非常相符或真实

11. 在社交场合中，我总觉得缺乏自由。

A. 非常不相符或不真实

B. 不相符

C. 中性

D. 相符

E. 非常相符或真实

12. 与陌生人交谈的时候，我没觉得有什么困难。

A. 非常相符或真实

B. 相符

C. 中性

D. 不相符

E. 非常不相符或不真实

13. 在与异性交往的时候，我表现得更加羞怯一些。

A. 非常不相符或不真实

B. 不相符

C. 中性

D. 相符

E. 非常相符或真实

计分方法

本测试的题目中，五个选项 A、B、C、D、E 分别按 0 分、1 分、2 分、3 分、4 分计分，将各题得分相加，得出总分即可。

测试结果

得分 0～10 分：说明被测者的羞怯程度很低，无论是在新环境中，还是结识陌生人，都可以从容应对，表现良好。

得分 11～24 分：说明被测者的羞怯程度适中，一般情况下，被测者都能从容地应对自己身边发生的变化。

得分 25～38 分：说明被测者的羞怯程度稍高，身处某些场合或是遇到特殊的人时，被测者往往表现得较为羞怯。

得分 39～52 分：说明被测者的羞怯程度较高，在大多数场合中，被测者都有羞怯的感觉，往往难以表现正常的自己。

当然，这个测试结果因人而异，在不同的环境和条件下，测试结果会有一些差异，并不能保证每个人的测试结果都准确无误。

第九章

战胜忧郁，聪明人脸上总是绽放阳光

在我们的身边，总有一些被忧郁笼罩的人，他们总是唉声叹气、眉头紧锁，仿佛没有什么事情能让他们感觉高兴似的。忧郁的人，总会以悲观的态度去看待身边的一切，即便是阳光普照，他们也会担心暴雨随时会来。在他们眼中，整个世界都是灰暗的。这种消极的心态，令他们失去了快乐和幸福。聪明人则不然，他们会拨开心头的乌云，让阳光射进自己的心里。

灰色的心情令人失去活力

忧郁是一种十分常见的消极情绪，很多人都曾经感受过它的威力，如果长期被其困扰并任其随意发展，那么生活中的一切都将失去活力。

现代社会中，忧郁已经成为很多人都无法摆脱的一种情绪。对于很多人来说，“我郁闷”已经成为一种非常时髦的口头语，似乎只有“郁闷”才能跟得上潮流，那些不郁闷的人，完全跟不上社会发展的脚步。

于是，很多人为了显示自己的新潮而故意“郁闷”，以不同的方式将自己束缚在郁闷之中。殊不知，随着郁闷时间的加长，郁闷的程度会越来越深。即便在刚刚开始的时候是故作郁闷，到后来也会真的被郁闷纠缠得无法脱身，最终被郁闷的情绪压得喘不过气来。

郁闷者通常无法看到阳光，所以在他们眼中，整个世界都是灰色的，灰色的世界给他们带来了灰色的心情，在这种压抑的氛围中生活太久，整个人就会变得毫无斗志，失去了积极向前的活力。长此以往，郁闷者的身心都将受到极大的损害，严重的情况下还可能患上抑郁症。

刘文明出生在一个偏远的小山村里，从小他就知道，想要从山沟里

走出去，唯一的出路就是好好学习。为了这个目标，他勤奋刻苦地学习，终于以全乡第一名的成绩考入了县一中。

刚刚从山村来到县城，刘文明感觉非常不适应。他不仅在衣着、语言方面与县城的同学有所差距，学习环境的变化也让他感到诸多的不适。

随着新学期的开始，刘文明在学习方面感受到了巨大压力，虽然不必再像以前那样每天赶着山路回家，可是一个人孤身在外的感觉，让他倍感煎熬和痛苦。各种因素叠加在一起，让刘文明的精神状态变得极差。刚刚开学两个月，他就开始几乎无法入睡，即便睡着了，也是仅仅两三个小时就醒过来，然后就再也无法入睡。

长期的睡眠不足加上精神的巨大压力，让刘文明的性格发生了巨大的变化，他从活泼开朗变得易怒易躁。稍微有点不顺心的事情，他就感觉所有的事情都将对自己不利；稍微遇到一点困难，他就觉得人生注定失败；稍微有点风吹草动，他就变得疑神疑鬼。刘文明的精神状态越来越差，他感觉自己的生活完全没有了希望，自己的理想和目标永远都没有办法实现。

在这样的煎熬中，刘文明勉强上完了初中二年级。到了初中三年级，学习更加紧张，中考的压力更让刘文明觉得无法喘息，他开始整夜整夜都睡不着觉。在同学们进入梦乡的时候，刘文明却无比清醒，他的脑海中闪过的都是自己失败的画面，他的心已经被失望和悲观的情绪笼罩了。放假回家的路上，刘文明看到路边的乞丐，也会不由自主地想："我今后的生活是不是还不如他？"刘文明越想越觉得压抑，他甚至想过结束自己的生命，庆幸的是，他在最后关头想到了年迈的父母，才避免了惨事的发生。

刘文明的情况让老师和家长都很担心，经过考虑之后，刘文明的父母决定带着他去进行心理治疗。在心理医生的指导下，刘文明的状况有所好转，经过一段时间的治疗之后，刘文明终于可以理性地看待自己的心理状态，在忧郁的时候，他会通过一些手段进行发泄。在发泄完心中的苦闷之后，他感觉整个人都轻松了许多。他终于又一次发现了世界的美好，发现了生命的可贵。

刘文明被忧郁的情绪紧紧包裹，他无法用正常的视角去看待自己以及身边的一切，当他的心情变得灰暗无比时，整个世界也都变成了灰色的模样。对于他来说，忧郁已经成为常态。在经过医生的指导和治疗之后，刘文明重新焕发了活力，终于再次发现了世界的美好之处。

忧郁这种情绪，时常会对我们进行侵扰，一旦被其缠上，我们将会对自己的处境产生错误的判断。在忧郁的影响下，我们会变得悲观、失落，甚至会失去活下去的勇气。所以说，我们绝对不能任由这种情绪长期存在下去，而是要通过各种手段，不断调整自己的状态，争取早日走出忧郁的阴影，重获阳光的心态。

情绪小贴士

对于一个正常人来说，既无法理解忧郁症患者的一些做法，也无法体会忧郁症患者所要经受的折磨。人一旦被忧郁症缠上，所有的一切都将失去它原有的色彩。想要摆脱这种情绪，就要为它寻找一个宣泄的出口，以便卸下身上的沉重包袱。

不想忧郁缠身，就要懂得放下

忧郁情绪产生之后，人的想法和行为都会受到一定程度的影响，想要摆脱它的纠缠，就要从心理上将其放逐，这是一种简单而易于操作的方法。

忧郁情绪的产生，可能源于某个微小的原因，但是它的积累过程是不断延续的，如果不懂得在适当的时候将心中的不快和忧郁放下，那么忧郁的情绪就会越积越多，给人造成难以承受的心理影响，最终可能演变成抑郁症，令人长期遭受抑郁心情的困扰。

对于任何一个人来说，忧郁的情绪都有负面的影响，即便在最初的时候没有特别深刻的感受，但是如果对其置之不理，放任自流，任其不断积累和增加，那么很可能造成难以挽回的糟糕结局。如果不想被忧郁紧紧纠缠，那就要学会放下，给自己一个重获轻松心情的机会。

王强是一家公司的业务员，由于业绩不佳，他经常受到经理的批评。不过他并没有放在心上，因为整个公司的发展情况都不好，其他的业务员也没有特别突出的成绩。对于王强来说，上班就是混日子，只要公司给他开工资，他就觉得心满意足了，偶尔挨点批评对他来说根本无足挂齿。

可是，事情并没有像王强想象的那样发展。经理对王强的要求越来越高，批评越来越多，这让王强感觉有些难以接受。王强想不明白，为什么他一迟到就会被经理碰上，而其他的同事迟到从来就没发生过这种情况。不仅如此，在许多事情上，他总是“倒霉”的那一个。

最初几次，他还以“人一倒霉，喝水都塞牙缝”来自嘲，可是随着次数的增多，他心中的无奈情绪也变得越来越多，当情绪积累到一定的程度之后，他就变得忧郁起来。他不仅觉得经理在和自己对着干，还觉得其他的同事也在背后算计自己。产生这样的心态之后，王强的猜忌越来越多，心中的负担越来越重。在他看来，同事们的一言一行都可能是故意设下的陷阱，所以做起事情的时候总是小心翼翼，心中的郁结情绪越是放不下，王强的精神状态就越差，他越发不堪其扰，最终只能接受离职的结局。

当忧郁情绪产生的时候，王强并没有及时放下，而是任由它越积越多，最终对自己产生了无法挽回的影响，对于他来说，这显然是得不偿失的。如果在刚刚“自认倒霉”甚至是刚刚产生忧郁情绪的时候，就放下心中的不良情绪，那么他可能不会从公司离职，接受失败的命运。

对于任何一个人来说，忧郁都是非常不好的情绪之一，遭受忧郁侵扰的人，会对身边的人产生不好的感受，对于他们来说，所有的一切都让人烦躁，无法给人带来好的体验。一旦出现这种情况，我们应该做的事情就是尽快放下心中的不良情绪。可是对于很多忧郁者来说，这是一件十分困难的事情，他们被忧郁情绪紧紧包裹，无法正确看待身边的一切，觉得忧郁是无法摆脱的，被这种想法掌控之后，他们便会失去摆脱忧郁的动力，觉得做什么事情都是徒劳无功。越是有这种想法，越无法摆脱忧郁的纠缠。

如果能将忧郁的情绪放下，将它从心中赶走或是不去想它会给自己带来什么样的影响，反而可以在忽视中将忧郁忘在脑后，并逐渐摆脱它的控制。

情绪小贴士

很多人都会有忧郁的情绪，只是有些人能够将自己的想法放下，给自己一个轻松的心态，有些人则不断地强化自己的忧郁，将忧郁视作无法摆脱的情绪。不同的看法，也就造成了不同的行为方式。聪明人会放下自己的忧郁，从忧郁中轻松走出来。

快乐是驱散忧郁的法宝

忧郁出现的时候，总会给我们带来阴郁的心情，而快乐的情绪则可以驱散忧郁，让阳光重新射进我们的心房。保持快乐的心情，我们的生活会变得大不一样。

美国哈佛大学的教授威廉斯说过："似乎是情感指引着行动，实际上行动和情感是可以相互指引，相互合作的。快乐并非来自于外力，而是来自于内心深处，所以说，当你感觉不快乐的时候，你可以挺起胸膛，强迫自己快乐起来。”

是的，一个人快乐与否，完全可以由他自己决定。如果一个人已经被忧郁的情绪掌控，无法获得快乐的念头，那只能说他被忧郁的假象蒙蔽了，是忧郁传达了错误的信息，让他误以为自己无法快乐起来。

如果想要快乐，我们只要在心里告诉自己：“一切都很顺利，生活过得很惬意，我的心情很快乐。”在这种心理暗示的作用下，快乐很快就会来到我们身边。当快乐出现的时候，忧郁的情绪就会被驱逐出我们的身体，所有的不快都将烟消云散。

在一个电视节目中，主持人邀请了一位九十多岁的老人作为嘉宾。老人从上台开始，就一直面带微笑，主持人和观众们都大受感染。

在主持人的邀请下，老人做了一场即兴的演讲。他说自己的生活态度是“快乐至上”，对于生活中的烦心事，他从来都不放在心上，这种积极乐观的心态让他能够永葆青春，健康长寿。老人讲话的时候，给人一种魅力四射的感觉，很多坐在台下的年轻人，都觉得自己在心态上无法与老人相提并论。

主持人替大家向老人提出了问题：“您老已经九十多岁了，这么多年来您一直这么快乐吗?”

老人乐呵呵地回答道：“那哪儿能啊！人这一辈子，谁还不遇到些烦心的事啊!”

“那您遇到什么烦心事了?”主持人接着问，“能不能在这里跟大家说一说?”

“当然可以了。”老人依然面带微笑，“不过那都是过去的事了。我六十三岁那年，老伴就因病去世了。她刚走的那段时间，我的心情很不好，脑子里都是她的影子。走路也好，躺着也好，吃饭也好，睡觉也好，哪哪儿都是老伴的影子。一想到她，我就难受，饭也吃不香，觉也睡不好。我的心情真是差到了极点。孩子们看到我这样，都为我感到担心，害怕我有什么想不开的，再出什么事情。于是，几个孩子就轮流陪着我，跟我说话、聊天，想着我的心情能好一些。我也知道孩子们都不容易，每天陪着我，工作都给耽误了，这样下去肯定不行。想来想去，我决定出去走走，去接触接触外界的事物，兴许能好一点。我把自己的想法跟孩子们说了，他们也很支持，给我准备好所有需要的东西，我就出去了。旅游的过程中，我来到了一个山村里，遇到了一位年纪很大的老者，他看出我的心情不好，就跟我聊天。他说：'人这一辈子啊，钱啊，名声啊，地位啊，那都是虚的，活着的时候再风光，死了之后就什么都没有了。要我说，还不如每天高高兴兴地生活，多活一天就多高兴一天，让自己高兴才是真正重要的事情。'听了老者的话之后，我恍然大悟，从那一刻开始，我就告诉自己：我一定要快乐！这三十多年的时间里，我每天都很快乐地生活，从来没有把过多的时间浪费在忧郁上，我觉得自己过得很充实，心情总是阳光灿烂的。"

老人说完之后，台下响起了经久不息的掌声。

掌声平息之后，老人继续说道："活了这么久，我慢慢发现：我快乐也好，忧郁也罢，时间总是不停地向前走，根本不会停下来照顾一下我的情绪。既然如此，那我干吗不快快乐乐地生活下去呢？"

说完，老人又发出了爽朗的笑声。观众们则再一次爆发出热烈的掌声。

老人对待生活的态度是积极的，他将快乐作为自己的目标和追求，忧郁自然就无法占据他的内心世界了。老人的经历告诉我们：忧郁并非不可战胜，而快乐就是战胜它的法宝。

人生在世，忧郁是一种难以避免的情绪，生活、工作、家人、朋友等，皆可能成为忧郁发生的导火索。在生命中的某个阶段，我们总要与忧郁面对面。面对忧郁，不害怕，不畏惧，保持快乐的心态，就能将忧郁从我们的心中赶走。聪明人总会努力地长期保持快乐的心情，尽力压缩忧郁的生存空间。

情绪小贴士

在很多人眼里，忧郁是一种十分可怕的情绪，一旦沾染上它，整个人生都将变得阴暗无比。忧郁确实会对我们造成影响，可是并非没有破解的办法。在诸多的方式之中，保持快乐是一个极好的选择。

无法改变现实，只好改变情绪

总有一些既定的现实，让人感觉难以接受，如果我们竭尽全力也无法令现实发生改变，那么我们就应该试着去改变自己的情绪，以不同的视角去看待无法接受的现实。

在人的一生中，有许多无法预料的糟糕事情，当它们发生之后，无论结果多么糟糕，多么让人觉得难以接受，既成的事实都是无法改变的。如果一味地因为这些糟糕的事情而悲伤和难过，而不懂得调节自己的心情，那么很容易陷入苦闷的情绪而无法自拔，这将对一个人的心态产生极大的影响。

即便遭遇不幸和糟糕的事情，也不应该沉湎于失望和悲观情绪之中。当我们竭尽全力都无法改变现实，难以挽回已经形成的局面时，不妨改变自己的心态，以积极乐观的心态去应对所有的一切，只有坦然接受一切，我们才能正确应对所有的挫折，才能感受到生命的美好之处。

人是否感觉快乐，取决于自己的心态如何，只有改变自己的情绪，才能改变自己。换一种看待事情的角度，不受残酷现实的侵扰，才能享受到五彩缤纷的生活。

博格斯是NBA联盟中的著名球员之一，他从小就对篮球有着十分浓厚的兴趣。在他刚刚开始接触篮球的时候，他用的篮球框是用姐姐的晾衣架改造的，打的篮球也是一个小小的皮球而已。直到八岁的时候，博格斯才拥有了一个真正的篮球。他对篮球爱不释手，走到哪里都要拿着它。有些人觉得他的痴迷有些疯狂，让人无法接受，所以对他产生了一些嘲讽。博格斯对此却并不在意，对篮球的热情依旧不减。

在博格斯上中学的时候，他的身高只有一米六而已，这个身高对于篮球运动员来说显然有些不足，但是这并不影响他将进入NBA联盟作为自己的奋斗目标。在很多人看来，博格斯的身高是一种天然的缺陷，想要进入NBA联盟简直是异想天开，因此对他的理想抱以嘲讽的态度。博格斯当然知道身高是自己的缺陷，可是他并没有因此而气馁，尽管和那些身高占优势的人比起来，他或许要付出更多的努力，但是只要能够打出自己的特点，在篮球场上一定可以找到自己的位置。

面对身高不足的劣势，博格斯没有产生悲观的情绪，而是根据实际情况进行了有针对性的训练，他知道身高无法改变，那就只能改变自己的心态，从积极的方面去看待身高的不足。比如，虽然在身高方面无法与那些大个子相提并论，但是他在速度和技巧方面占据优势，可以通过快速的奔跑为自己赢得更多的空间。他按照自己的计划一丝不苟地进行训练，经过艰苦卓绝的努力之后，他的速度越来越快，控球技术也越来越好。

博格斯的表现得到了越来越多的认可，他不仅代表美国国家队参加了世界男子篮球锦标赛，还在大学毕业之后顺利进入了 NBA 联盟，成为当时夏洛特黄蜂队的首发球员之一。博格斯终于实现了自己的梦想，他成为 NBA 联盟历史上身高最矮的球员，当然也是速度最快的球员之一。

在 NBA 联盟中，身材矮小的博格斯绝对是一个不折不扣的另类，可是他没有因为身高不足而心生恐惧和忧郁，而是利用自己的速度和技术优势，在 NBA 联盟中创出了属于自己的一片天空。

博格斯之所以能在 NBA 联盟中站稳脚跟，依靠的不仅仅是他的速度和娴熟的技巧，更在于他对待劣势的心态。面对无法改变的身高，他没有失落，没有抱怨，而是以刻苦的训练来开发自己的优势，以此来弥补自己的不足。试想一下，如果博格斯因为自己的身高而心生忧郁，整日为了无法实现梦想而情绪低落，那他还能取得令人羡慕的成就吗?

人人都有缺点，有些缺点甚至无法挽回。面对这样的事实，我们应该以积极的心态去坦然应对，因为无论我们如何生气、抱怨、忧郁，都不会对既定的事实产生影响。既然如此，我们与其跟自己较劲，去自寻

烦恼，倒不如改变自己的情绪，在接受现实的基础上去创造属于自己的生活。

情绪小贴士

在这个世界上，有很多事情让我们觉得无可奈何，想要改变却没有实现的可能。对于这类事情，我们只能坦然接受，如果非要勉为其难地做一些事情，不仅对改变事实无益，反而会对自己的心情产生负面的影响。

忧郁会让你产生错觉

> 忧郁的情绪会让人变得消极，由此形成一种悲观的态度。在忧郁者眼中，整个世界都是灰暗的，实际上，这只是因为他们受了忧郁的影响，因而产生了一些错觉而已。

忧郁的人看待事物，就像是隔着一层灰色的玻璃。无论是对待自己还是对待世界，仿佛所有的一切都是灰蒙蒙的一片，再无任何斑斓的色彩。对于他们来说，整个世界都是毫无生机的，几乎没有任何的希望可言。

可是实际上，这个世界是色彩斑斓的，是生机勃勃的。忧郁者之所以看不到，只是因为那层“灰色的玻璃”过滤了他们的视线，让他们产生了错觉。一旦有了“灰色的玻璃”的影响，整个人就会变得消极和无助，低落的情绪会让他们产生更多的消极思想，采取更多的消极行动。反过来，消极的思想和行动又在不断地引发新的低落情绪。如此不断反复，便形成了一个日渐扩大的陷阱，使得忧郁者越陷越深，而无法自拔。

吉文是一名十分成功的人士，他的家庭生活非常幸福，工作方面也相当顺利。在别人眼里，吉文是天之骄子，每天都和快乐相伴，好像没有什么坏事会降临到他的头上。

然而，吉文清楚地知道事实并非别人眼中的那样。虽然他从没和家人或是医生谈起过自己的消极想法或是时常处于低落状态的情绪，可是他有时真的不堪其扰。

他喜欢一个人坐在车里，除非有什么事情非要他去处理的时候，他才愿意走出来。他尝试着让自己欣赏一下春天里的美好景色，感受一下成长的气息，可是看到含苞待放的花朵时，他首先想到的竟是花朵凋落之后的破败景象。他想和自己妻子、孩子谈谈心，可是一想到聊天过程中可能出现的问题，他又觉得睡觉似乎是更好的选择。然而，即便他躺倒了床上，却依然无法安然入眠，一想到醒来之后将有一大堆的工作要做，他就感觉备受煎熬。

吉文自己也无法想象，明明一切顺利，为什么会被这么多的消极想法困扰。他觉得，就算是和别人说起自己的那些消极想法，估计也没有人会相信。因此，他选择将自己封闭起来，没想到忧郁的情绪越来越多，几乎到了让他无法承受的程度。

妻子发现了他的异常，主动和他交流。吉文终于慢慢敞开心扉，向妻子诉说了自己的种种感受。通过交流，妻子发现吉文已经陷入了忧郁的漩涡，在他眼中，所有的事情似乎总会往不好的方向发展，即便事事都很顺心，吉文也能从中看到消极的一面。吉文相信，现在的顺利并不代表以后的顺利，事情总有变得糟糕的一天。

对于吉文的状况，妻子深感担忧。她坚持让吉文去看心理医生，最终在医生的指导和帮助下，吉文摆脱了忧郁的困扰，一家人终于又回归了正常的生活。

吉文的生活一切顺利，即便被低落的情绪困扰，他也没有将忧郁与自己联系在一起。幸运的是，在他被忧郁折磨得难以忍受时，他的妻子发现了问题，并督促他进行了相应的治疗。如果没有妻子的及时督促，吉文将在忧郁的漩涡中越陷越深。

在很多人看来，忧郁似乎只会出现在不幸的人身上，其实这是一种误解。即便一个人十分幸福、成功，他依然可能受到忧郁情绪的侵袭。因为引起忧郁的原因多种多样，它总会在不知不觉中影响我们。而一旦被忧郁纠缠，看待世界的眼光就会变得不同，忧郁者因此会对周围的事物产生错误的认知。

情绪小贴士

许多忧郁的人并未认识到忧郁问题的严重性，他们或许从来就没想过会与忧郁产生联系，所以即便在忧郁的时候也只是将其埋藏在心底，选择一个人独自承受。殊不知，当忧郁的情绪超过他们的承受能力时，他们的精神世界便存在崩塌的可能。

自寻烦恼，忧郁就会循迹而至

烦恼和忧郁之间，存在着十分微妙的关系。对于自寻烦恼的人来说，忧郁就像朋友一样，总会时不时地出现在他们的生活中，而且每次都给他们带来消极的影响。

美国著名作家马克·吐温曾经说过：“烦恼忧愁是伤人的病菌，它会吞噬你的优势，而留下一个像废品一样的垃圾。”如果一个人总是不断地自寻烦恼，那么他的身体将变得疲惫之至，他的心灵将变得残破不堪。在身心都受到打击的情况下，想要获得快乐简直是异想天开，忧郁的情绪自然就会紧随而至。

有一位男士，每天被忧郁的情绪困扰，万般无奈之下，他只好寻求心理医生的帮助。

见到医生之后，男士说：“我每天都在辛勤地工作，不敢浪费一分一秒的时间，就是希望可以挣到足够的钱，好让我的家人过上富足的生活。可是，每当我从繁华的大街走过，看到两边的橱窗里摆放的那些琳琅满目的商品，我的心中就会升起一种挫败感。因为我知道，无论我多么努力地工作，也不可能将那些商品买回家。随着时间的推移，我发现自己的心情变得越来越忧郁了。”

医生听了，笑着对男士说：“我给你讲个故事吧，或许对你有所帮助。很久以前，有一位成功人士，他过腻了城市的奢华生活，于是收拾简单的行囊，告别城市，到山里过起了简朴的生活。只有在生活必需品用完的时候，他才会回到城市采购。每次购买东西，他都要在城里逛上半天，虽然每次都是购买几件简单的物品，可是他的脸上总是挂着微笑。他的朋友不明就里，问他为什么如此满足。他说：‘每次购物的时候，我都会看到很多琳琅满目的商品，一想到我根本不需要那些东西，没有必要为那些东西操心，我就觉得非常开心。’”

听完故事之后，男士陷入了沉思，他脸上的愁容释然了很多。

见此情况，医生继续说：“我们生活的这个时代，科学技术迅速发展，各种新奇的、高科技的产品层出不穷，新买一部手机，也许两三个月之后就已经落伍了。只有那些能够满足生活所需，保证生活正常运转的东西，才是我们真正需要的！过度关注那些奢侈品，对我们的生活并没有太大的意义。因为那些我们买不起的东西，本来就不属于我们，为它们而费脑伤神，那就是自寻烦恼。因此而感觉忧郁，您不觉得有些得不偿失吗?”

医生的话点醒了那位男士，他突然发现，原来那些忧郁的情绪都是可以避免的，他不应该关注那些得不到的东西，而应该关注能够得到的东西。

很显然，男士关注的焦点出现了偏差，这给他带来了无尽的烦恼和忧郁。心理医生“一语点醒梦中人”，让男士清醒地认识到自己是在自寻烦恼。

在生活中，我们也可以见到很多自寻烦恼的人。很多事情本来无须担心，可是偏要与其纠缠，纠缠越多、越久，心中的忧郁就会越多。忧郁越多，正常的工作和生活就越会受到消极的影响。这是一个恶性的循环，为了将其打破，就要从根本上解决问题。显然，减少烦恼，尤其是自寻的烦恼，是一个十分有效的方法。

情绪小贴士

烦恼的来源多种多样，但是从根本上说，心理才是起决定性作用的因素。就算一些外在的因素引起了你的烦恼，让你感到忧郁，可是如果你可以掌控自己的情绪，将消极的情绪淡化或是消除，那么，你一样可以得到平静的心态，获得快乐的人生。

情绪测试

在每一天中，每个人受到的各种情绪的影响都会有所不同，各种不同的情绪叠加在一起，才构成了完整的情绪体系。总结和研究一个人一段时间内的情绪变化，对于掌控其情绪状态具有重要的意义。做完下面这个测试，将有助于你了解自己近期的情绪状态，测试考察的时间范围为近一周之内。

题 目

请认真阅读下列各项问题，并根据自己的实际情况，选择最符合的一个答案。

1. 你有悲伤或是泄气的感觉吗？

A. 没有

B. 稍微有点

C. 中等程度

D. 程度很深

2. 你有没有觉得自己的前途一片渺茫？

A. 没有

B. 稍微有点

C. 中等程度

D. 程度很深

3. 你有没有觉得自己毫无价值？

A. 没有

B. 稍微有点

C. 中等程度

D. 程度很深

4. 你有没有自卑或是低人一等的感觉？

A. 没有

B. 稍微有点

C. 中等程度

D. 程度很深

5. 你有没有常常对自己要求严苛或是经常自责？

A. 没有

B. 稍微有点

C. 中等程度

D. 程度很深

6. 你有没有难以做出决定的感觉？

A. 没有

B. 稍微有点

C. 中等程度

D. 程度很深

7. 你有没有觉得自己很容易生气或是怨恨他人？

A. 没有

B. 稍微有点

C. 中等程度

D. 程度很深

8. 你有没有对工作、爱好、家庭或朋友失去兴趣的感觉？

A. 没有

B. 稍微有点

C. 中等程度

D. 程度很深

9. 做事情的时候，你有没有产生勉为其难的感觉？

A. 没有

B. 稍微有点

C. 中等程度

D. 程度很深

10. 你有没有产生自己变老或是缺乏魅力的感觉？

A. 没有

B. 稍微有点

C. 中等程度

D. 程度很深

11. 你有没有食欲减退的感觉？

A. 没有

B. 稍微有点

C. 中等程度

D. 程度很深

12. 你有没有感觉自己身心疲惫或是睡眠过多？

A. 没有

B. 稍微有点

C. 中等程度

D. 程度很深

13. 你有没有对性失去兴趣的感觉？

A. 没有

B. 稍微有点

C. 中等程度

D. 程度很深

14. 你有没有过于担心自己的健康状况？

A. 没有

B. 稍微有点

C. 中等程度

D. 程度很深

15. 你有没有感觉活着没有意义或是生不如死？

A. 没有

B. 稍微有点

C. 中等程度

D. 程度很深

计分方法

本测试的题目中，四个选项A、B、C、D分别按0分、1分、2分、3分计分，将各题得分相加，得出总分即可。

测试结果

得分0～4分：说明被测者没有抑郁的情况，即便有忧郁情绪，也是非常轻微的。

得分5～10分：正常但不快乐。

得分11～20分：接近中等抑郁。

得分21～30分：中等抑郁。

得分31～45分：严重抑郁。

当然，这个测试结果因人而异，在不同的环境和条件下，测试结果会有一些差异，并不能保证每个人的测试结果都准确无误。

第十章

克服恐惧，聪明人具有勇敢的心

恐惧是一种十分普遍和常见的情绪状态，对于它，很多人觉得束手无策。因为恐惧，所以放弃了尝试的机会，也失去了对事物的探索欲望。殊不知，很多的恐惧，只是源于内心深处的想象，对于事物的真实模样，很多人反而因为恐惧而不再关注了。其实，恐惧并不可怕，聪明人敢于直面内心和恐惧，所以反而能够战胜恐惧，成为人生的胜者。

大部分恐惧，只是自己吓唬自己

对于恐惧，很多人并没有正确的认识。因为未知，所以产生了想象；因为无妄的想象，所以产生了所谓的恐惧。细细琢磨一下就会发现，大多数的恐惧，只不过是自己吓唬自己而已。

亚里士多德曾经说过：“对于那些我们坚信不会降临到自己身上的东西，我们不会心生恐惧；对于那些我们坚信不会给我们带来事端的人，我们也不会心生恐惧；在我们感觉他们还不会对我们产生危害的时候，我们也不会害怕。所以说，恐惧的意义在于：恐惧是由那些坚信某些事物已经降临到他们身上的人感受到的，恐惧是因为特殊的人，以特殊的方式，并在特殊的时间条件下形成的。”

可见，恐惧源自于人的内心世界，可是又很难有人能够详细描述这种感受。对于大多数人来说，恐惧只是一种难以言说的心理障碍而已，人们通过给自己心理暗示，让自己感觉恐惧，而真正让人感受到恐惧的根源，也许并不是真实的存在。比如说，大家都知道这个世界上并没有鬼神存在，可以有些人却因为迷信而对它们深感恐惧。迷信者可能是因为听了某些传说、故事，也可能是看了一些电视、电影，其中的某些情节给他们留下了深刻印象，由此产生了想象中的恐惧。

凯瑞是一名普通的上班族，平时在工作中非常认真，做事情总想做到尽善尽美，所以在公司很受欢迎。

可是，在某些时候，他会被一些事情吓得惊慌失措，迷失自我。恐惧心理与他形影不离，对他的生活造成了严重的影响，尤其是对于“恐怖角”这个地方，他的心中更是充满恐惧。

朋友问凯瑞：“你为什么害怕哪个地方？你连去都没有去过。”

凯瑞的回答很简单：“这个地名里都带着‘恐怖’两个字，我一想就感觉那里应该很恐怖，所以对它充满恐惧。”

朋友说：“可是你都没去实地看一下，怎么知道那里是不是很恐怖呢?”

凯瑞固执己见：“我就是觉得那里很恐怖，想想都害怕，更不要说去了。”

“那这样吧，咱们一起到哪里去看一看，去验证一下你害怕的地方是不是真的那么恐怖?”朋友向凯瑞提出建议。

“可是，我不敢。”凯瑞有些胆怯。

“没关系的，我陪着你，有什么事情我们都能解决的。”朋友充满信心地说。

“那好吧，咱们就去一趟。”凯瑞说。

于是，在几个星期之后，凯瑞怀着紧张而害怕的心情和朋友一起来到了“恐怖角”。抵达之后，凯瑞才发现，那里根本不像他想象的那样恐怖。“恐怖角”这个名字的由来，只是在人们的口口相传中出现的误传而已，它最初的名字并非如此。

这次“恐怖”的旅程结束之后，凯瑞完全变了一个人，他知道，自己心中的那些恐惧大多只是自己吓唬自己而已，勇敢面对那些恐惧的话，相信它们都没有想象的那般恐怖。

凯瑞对于“恐怖角”的恐惧，不过是源自于自己的想象而已，当他见到“恐怖角”的真实情况之后才知道，自己的恐惧有多么不切实际。当他发现自己的恐惧不过是自己吓唬自己之后，他的人生便会发生翻天覆地的变化。

对于很多人来说，恐惧心理的产生，只是对外界事物的不了解或是个人知识储备不足造成的，因为这种未知，人们便会展开自己的想象，对于一些超出自己理解范围的事物，人们往往会产生恐惧，而一旦了解事物的真实情况之后，便会觉得自己的所谓恐惧，只不过是无妄的想象罢了。

实际上，恐惧并不像很多人认为的那样可怕，人们越是想象它可怕，便会越是感觉恐惧，以至于不敢对未知的事物采取任何行动或措施，要解决这个问题，只有从自己的心理入手，不给自己制造恐惧的假象，恐惧自然就会减少很多。

情绪小贴士

恐惧的情绪会让人丧失基本的判断力，以至于做出非理性的事情。实际上，就真实性而言，所有的恐惧都没有人们想象的那么可怕。只是人们心中对恐惧产生了畏惧心理，所以才将恐惧的对象想象得如此难以战胜。归根究底，这不过是人们的心理在给自己设置障碍而已。

跨过恐惧，以强者的姿态示人

> 对于弱者而言，恐惧是横亘在前进道路上的巨大障碍；对于强者来说，恐惧则是成功的垫脚石，跨过了恐惧，也就展示了自己的强者姿态。

美国前总统罗斯福曾经说过：“我们唯一值得恐惧的就是恐惧本身——模糊的、轻率的、毫无根据的恐惧。那会让自己变得莫名的胆怯，会让我们为了前进所付出的努力都付诸东流。”从某种程度上说，恐惧会阻碍我们前进，让我们无法向着最终的目标不断前进。

一个心中充满恐惧的人是不敢追求胜利和荣誉的，因为一旦出现困难或挫折，恐惧的心态就会让他们主动放弃和退让。在这种情况下，无论如何都无法达成自己的目标。只有跨过恐惧的鸿沟，勇敢地向前行进，才有可能成为生活的强者，变成众人瞩目的焦点。

赵新阳是一个非常腼腆的男孩，今年刚刚步入高中校园。和那些优秀的同学相比，他总觉得自己太差了。

尤其是对于当众讲话，赵新阳更有着超乎寻常的恐惧，他一张嘴就结结巴巴，很难把话说得完整。即便是在班会上的简短发言，他也无法顺利完成，常常会将一段话说成很多个“碎片”，让人觉得凌乱不堪。

对于当众讲话的恐惧，使得赵新阳不敢轻易尝试在大庭广众之下讲话，他越是不讲，就越是不敢讲。慢慢地，这种恐惧让他不愿意进行公开讲话。他觉得，既然讲不好，那倒不如不讲，与其讲完了丢人现眼，倒不如踏踏实实地做一个听众。

赵新阳的沉默为他带来了短暂的安全感，可是随着时间的推移，他慢慢发现，在同学们的眼中，似乎已经没有了赵新阳这个人；在课堂上提问的时候，老师们也会不经意地忽略自己。赵新阳感觉自己已经变成了一个可有可无的存在，似乎自己存在与否已经不会对周围的人和事产生任何影响。当这种想法越来越频繁、越来越深刻地出现在脑海中时，赵新阳产生了无助甚至愤怒的想法。他没想到，自己的恐惧竟然让自己变成了一个可有可无的人，他不想承认这一点，但是残酷的现实摆在面前，他又不得不去接受。

赵新阳不想就此认输，他想赢得属于自己的位置和空间，于是，他开始尝试着在众人面前讲话。首先从课堂回答问题开始，当老师提问时，赵新阳第一次将自己的手高高举起，在同学们诧异的目光中，赵新阳紧张地站了起来，尽管回答得并不流利，老师却给予了他相当的鼓励。这让赵新阳心中充满了感激和动力，因为他知道，自己的努力得到了认可，他想要获得更多的认可，必须更加努力才行。

在随后的学习中，赵新阳不仅积极回答问题，还踊跃地参加各种演讲比赛，尽管开始阶段并不顺利，但是赵新阳并不气馁，他将这些当作对自己的历练。经过坚持不懈的努力，赵新阳不仅摆脱了对当众讲话的恐惧，而且屡次在演讲比赛中有所斩获，成为众人眼中的强者。

赵新阳对当众讲话的恐惧，让腼腆的他变得沉默寡言起来，他不敢

说话，不敢与人交流，恐惧的想法让他斩断了自己与外界的联系。这种情况下，赵新阳几乎被人遗忘。他不愿接受这样的现实，于是发奋努力，刻苦练习，终于跨过恐惧，赢得了令人赞赏的成绩。

恐惧的感受确实让人深感痛苦，可是逃避或是后退并不能让恐惧消失。即便可以在一时之间减轻恐惧的折磨，但是从长久而言，这种处理方式有害而无益。想要成为真正的强者，只有竭尽全力去战胜恐惧，从根本上解决恐惧的问题。

情绪小贴士

恐惧的情绪一旦出现，就会影响我们对事件发展走向的判断。很多人会因为恐惧而止步不前，因此而失去了展示自己的机会；聪明人则会努力地跨过恐惧，向别人展现自己坚强的一面。从某种角度而言，恐惧是阻碍人们获得成功的障碍，需要人们以必胜的信念去战胜它。

尝试过后，恐惧终会悄悄溜走

产生恐惧心理的人，往往会畏缩不前，宁可放弃尝试，也不愿在尝试中再次感受恐惧。殊不知，不经亲身尝试，便无法断定恐惧是否真的难以克服；而经过尝试之后，便会发现恐惧已经在不知不觉间消失不见了。

莎士比亚曾经说过："本来没有希望的事情，只要肯大胆地尝试，往往可以取得成功。"这句话可谓"放诸四海而皆准"，无论做什么事情，只要敢于尝试，就会有成功的机会。

对于克服恐惧来说，这句话同样适用。当我们尝试着用各种不同方法去克服恐惧之后，总会有一种方法可以帮助我们战胜恐惧。如果因为产生了恐惧便不肯去尝试，不愿意去努力，那么恐惧便会永远藏在我们心里，而且会随着时间的推移变得越来越多，越来越严重，到最后成为我们无法承受之重，给身心及工作、生活带来负面的影响。

有一对生活并不富裕的夫妻，他们省吃俭用了好几年，终于攒出了购买五张船票的钱，准备带着三个孩子去外面寻找新的生活。

可是，在买完船票之后，他们的钱就已经花得差不多了。为了节约饮食方面的费用，他们便买了足够行程中吃的食物，辛辛苦苦地带上了船。

在旅行途中，夫妻两人带着孩子们老老实实地待在下等舱内。出于强烈的自尊心，夫妻二人不允许自己的孩子到餐厅去，以免被那些富有的人嘲笑。然而，孩子们毕竟没见过什么世面，总希望父母带着他们到餐厅去吃些美味的菜肴。其实，夫妻二人何尝不想品尝一下餐厅的美味佳肴，可是因为囊中羞涩，他们只好制止自己的孩子，让他们打消这样的念头。

在旅途中，由于天气原因，导致行程延误，比原计划要晚几天抵达目的地。尽管一家人节约饮食，依然在到岸的前一天"弹尽粮绝"。夫妻二人还能勉强忍受饥饿，他们的三个孩子则是饥肠辘辘，难以继续承受了。为了自己的孩子，夫妻二人只好羞怯地来到餐厅，壮起胆子问餐厅的服务员能不能给他们一些食物，好让孩子们填饱肚子。

没想到，服务员听到他们的请求之后，十分惊讶地说："这么多天来，你们怎么没有到餐厅来进餐呢？要知道，只要是买票上船的人，都可以在餐厅吃饭，虽然你们买的下等舱的票，但是同样是我们的客人。"

听了服务员的话，夫妻二人目瞪口呆，正是因为他们害怕被富人嘲笑，所以不敢到餐厅来，如果不是因为孩子们饿得受不了，他们依然不会到餐厅来。他们的恐惧，不仅让他们错失了美味佳肴，也放弃了自己作为客人的权利。

在上船之前，夫妻二人便将自己定位于"低人一等"，他们没有富人那样华丽的衣服，也没有富人那样优雅的举止，所以他们担心被富人嘲笑，可以说，他们对富人充满了恐惧，以至于连富人吃饭的餐厅，也成为他们眼中的禁地。恐惧蒙住了他们的眼睛，让他们失去了自己有权享受的美食。如果他们敢于尝试，即便只是问一下服务员或是身边的人，他们也不至于辛辛苦苦地节约食物，甚至饿着肚子。

面对恐惧的情绪，很多人都会选择逃避，但是这种做法并不会对减少恐惧产生什么积极的影响。而且越是逃避，恐惧心理就越会加重，只有勇敢地去面对，去尝试，才能最终战胜恐惧。

情绪小贴士

恐惧给我们的心理压力，会让我们止步不前，甚至是迅速转身逃避。对于任何一个人来说，过分的恐惧都是不好的，因为这种情绪会打消我们的积极性，让我们在恐惧的漩涡中越陷越深，一旦我们的大脑被恐惧的情绪充斥，那么我们就什么都做不了了。

勇敢无畏，恐惧会为你主动让路

> 勇敢者往往无畏，他们可以将一个个不可能变成可能，创造一个又一个的奇迹。因为勇敢，所以不会惧怕，没有恐惧，才能大胆地向前，才能赢得别人无法赢得的成功。

一个勇敢的人，无论前进的路上有何阻碍，他都会想方设法地将其清除，恐惧的情绪自然也不例外。勇敢地面对恐惧，接受恐惧的挑战，并最终战胜恐惧，这是一个人应该追求的境界。只有具备勇气，才能勇敢地走向未知的世界，才有获得成功的可能。

任何一位成功人士的奋斗历程，都不可能一帆风顺，关键在于，在经历一次次的失败之后，究竟还有没有站起来继续奋斗的勇气。那些不因失败而恐惧，敢于屡败屡战的人，终将成为成功人士的代表。

在前进的道路上，人人都会出现恐惧，如果你害怕它，屈服于它，那么你就无法继续前进的道路。相反，如果你勇敢地迎上去，将恐惧踩在自己的脚下，那么它只会主动站到一边，为你留出康庄大道。

美国汽车制造商亨利·福特可谓家喻户晓，很多人对其充满了羡慕之情。在羡慕之余，更多的人希望知晓他成功的秘诀，以便为自己的成功增加一些经验和有益的帮助。

有些人认为他是受到了运气的眷顾，有些人觉得他得到了朋友们的帮助，有些人认为他本身就具有优秀的管理特质，有些人则认为他拥有一个优秀的团队。对于亨利·福特的成功，每个人都有自己的想法，其实只要看一看他平时的做事风格，就可以知道他能够获得成功的秘诀所在。

很多年前，亨利·福特决定改进发动机汽缸，要为著名的“T”型车制造一个铸成一体的具有八个汽缸的引擎。公司的相关工作人员听到他的设想之后，都认为这是不可能完成的任务，于是当场表示反对，并向亨利·福特解释其中的原因。

听完相关工作人员的陈述之后，亨利·福特并没有收回成命，而是以坚定的语气说：“无论有多少困难，都要设计这种引擎。”

“可是……”相关工作人员反驳道，“这根本就不可能啊！”

“在我看来，世界上根本就没有‘不可能’的事情！你们去工作吧！”亨利·福特命令道，“坚持去做这项工作，不要害怕失败，无论需要多长时间都要把这项工作做完。”

相关工作人员尽管没有自信，可是受到亨利·福特情绪的感染，全都精神百倍地投入到这项工作之中。可是，半年过去之后，他们依然没有取得任何成果；而且随着时间的推移，他们越发感觉到这是一项无法完成的工作。

到了这一年的年底，引擎的研发工作依然没有任何进展，工作人员已经有些丧失了信心。

“继续做下去!”亨利·福特义无反顾地说，“我需要它，我一定要得到它。哪怕需要付出更多的时间和代价，我也一定要得到它。”

最后，在亨利·福特的一再坚持下，新的引擎终于研发成功，这使得福特公司的汽车占据了汽车市场的领先地位，最终成就了亨利·福特和他的公司。

亨利·福特的勇气，为自己的员工注入了前进的动力，也将必然成功的信念灌输给了员工们，即便失败一次次降临，努力一次次付诸东流，员工们依然保持着旺盛的斗志，而没有被失败吓倒。员工们的心中充满了积极的能量，根本就没有恐惧存在的空间了，面对这种无谓，恐惧只好乖乖地投降认输了。

对于勇敢者来说，这个世界上没有什么无法达成的事情，对于困难和失败，他们非但不会产生恐惧情绪，反而会将它们视作成功路上的垫脚石。

情绪小贴士

即便刚开始时无法做到真正的无畏，也可以尝试着表现勇敢的自己。在勇敢的心理状态中生活久了，勇敢就会变成固有的特质之一。时刻告诉自己“我很勇敢”，你真的会在不知不觉间变成勇敢无畏的人，到了那个时候，勇气便会完全取代恐惧。

保持平常心，不要无限放大恐惧

> 恐惧情绪会让人产生一些无妄的想象，这些想象会给人的思维带来负面的影响，让人变得紧张、多虑等，我们应该做的，是在恐惧时保持平和的心态，以此战胜恐慌，赶走恐惧。

恐惧降临的时候，人们的内心通常需要遭受令人难以忍受的煎熬的痛苦，那种时刻担心的感觉，相信放在谁的身上都不会觉得好受。正是这种痛苦的感觉，令人产生了惶恐的心理，出现了错误的判断，甚至失去了抗争的意识。

实际上，从本质上来说，恐惧也只是一种情绪的表现而已，当我们面对它的时候，只要可以试着保持平常心，让自己远离心理因素的影响，那么恐惧就会逐渐消失，不再成为困扰我们的糟糕情绪。

可是有很多人，在恐惧降临的时候，非但没有尽量保持平静，反而无限地放大自己的恐惧，以至于恐惧的情绪越积越多，最终演变成心理上的巨大障碍，给人造成难以想象的不良后果。

吉姆·吉尔波特是英国著名的网球选手，她曾经目睹自己母亲的逝世，这给她的心灵造成了巨大的冲击，对她的一生都产生了重大的影响。

事情发生在吉尔波特幼年时期，有一天，她的母亲牙疼得厉害，于是便带着吉尔波特一起去看牙医。牙医检查之后，决定给吉尔波特的母亲做一个小型的手术。没想到，在手术的过程中，吉尔波特的母亲心脏病发作，不幸离世。其实，吉尔波特的母亲早就患有心脏病，只是吉尔波特并不知情，她看到母亲逝世之后，就认为是牙医的手术导致了母亲的死亡。

从此之后，吉尔波特便对牙疼产生了恐惧，甚至每次看到牙医，她都会产生莫名的恐惧。在成长的过程中，只要牙齿有疼痛的感觉，她就觉得自己马上就要死了，以至于即便牙齿出现问题，她也不敢去找牙医，而是一个人默默强忍。

有一次，吉尔波特的牙疼得实在无法忍受，只好打电话请牙医到家里为自己诊治。牙医来到吉尔波特的家里之后，开始认真地收拾和准备所需的药物、器具等。吉尔波特则紧张地看着牙医忙碌，心中的恐惧让她几乎无法呼吸。

等牙医收拾好所需的东西，准备为吉尔波特检查牙齿的时候，他才发现，吉尔波特已经停止了呼吸。

吉尔波特错误地理解了母亲的死亡原因，所以对牙疼甚至是牙医都产生了恐惧。面对给自己看病的牙医，吉尔波特并没能保持平静的心态，她的恐惧令她心情紧张，以至于无法呼吸，结果就这样丢掉了年轻的生命。如果吉尔波特目睹母亲的死亡之后，能够去探寻母亲真正的死因，进而以平常的心态看待整个事件，相信她就不会被恐惧紧紧纠缠，也就不会落得如此凄惨的结局。

对于很多人来说，恐惧是一种不良的体验，所以和它遭遇的时候，很多人的反应都是避之唯恐不及。殊不知，如果无法保持冷静，很可能会从内心深处加剧恐惧所造成的影响，一旦恐惧情绪被不断放大，那么

事情将会变得越来越复杂，越来越难以处理。要知道，有些恐惧并非如它们外在的表现那样，只有探寻恐惧的根源，才能从根本上认识恐惧，消灭恐惧。

情绪小贴士

我们对某些人或事的恐惧，有时源于对那些人或事的错误看法或理解，当我们发现恐惧背后的真相之后，恐惧也就不攻自破了。在恐惧发生的时候，只有保持平和的心态，才能认真分析其中的原委，找到克服恐惧的良方。

情绪测试

在每个人心里，都有一种被别人认可的渴望，相对地，也就有了对否定评价的恐惧。当然，每个人对否定评价的接受程度不同，所以心理状态也就有所不同。通过下面这个测试，你可以检测一下自己对否定评价的恐惧究竟到了何种程度。

题　目

请认真阅读下列各项陈述，并根据自己的实际情况，选择最符合的一个答案。

1. 通常情况下，我很少担心自己会给别人留下很傻的印象。

A. 与我极其相符

B. 与我非常相符

C. 不确定

D. 与我有些不相符

E. 与我完全不相符

2. 对我而言，别人如何看待我没什么要紧，可是我依然会为之感觉担心。

A. 与我完全不相符

B. 与我有些不相符

C. 不确定

D. 与我非常相符

E. 与我极其相符

3. 如果知道了有人正在评论我，我会觉得非常紧张。

A. 与我完全不相符

B. 与我有些不相符

C. 不确定

D. 与我非常相符

E. 与我极其相符

4. 就算知道了人们正形成一个不利于自己的印象，我也满不在乎。

A. 与我极其相符

B. 与我非常相符

C. 不确定

D. 与我有些不相符

E. 与我完全不相符

5. 在社交场合中出现差错的时候，我会感觉很不开心。

A. 与我完全不相符

B. 与我有些不相符

C. 不确定

D. 与我非常相符

E. 与我极其相符

6. 对于重要人物对我的看法，我并不是非常担心。

A. 与我极其相符

B. 与我非常相符

C. 不确定

D. 与我有些不相符

E. 与我完全不相符

7. 我经常担心自己给别人留下滑稽可笑或很傻的印象。

A. 与我完全不相符

B. 与我有些不相符

C. 不确定

D. 与我非常相符

E. 与我极其相符

8. 对于别人对自己的不赞同，我几乎没有反应。

A. 与我极其相符

B. 与我非常相符

C. 不确定

D. 与我有些不相符

E. 与我完全不相符

9. 我常常担心别人会发现我的缺点。

A. 与我完全不相符

B. 与我有些不相符

C. 不确定

D. 与我非常相符

E. 与我极其相符

10. 别人的否定意见基本对我没有影响。

A. 与我极其相符

B. 与我非常相符

C. 不确定

D. 与我有些不相符

E. 与我完全不相符

11. 如果有人在评价我，我通常很容易想到最差劲的评价。

A. 与我完全不相符

B. 与我有些不相符

C. 不确定

D. 与我非常相符

E. 与我极其相符

12. 对于自己会给别人留下何种印象，我基本不去操心。

A. 与我极其相符

B. 与我非常相符

C. 不确定

D. 与我有些不相符

E. 与我完全不相符

13. 我非常担心得不到别人的认同和支持。

A. 与我完全不相符

B. 与我有些不相符

C. 不确定

D. 与我非常相符

E. 与我极其相符

14. 我很担心别人会发现我曾经犯下的错误。

A. 与我完全不相符

B. 与我有些不相符

C. 不确定

D. 与我非常相符

E. 与我极其相符

15. 无论别人对我有怎样的看法，我都不会感觉心烦。

A. 与我极其相符

B. 与我非常相符

C. 不确定

D. 与我有些不相符

E. 与我完全不相符

16. 如果没能赢得别人的欢心，我很可能觉得无所谓。

A. 与我极其相符

B. 与我非常相符

C. 不确定

D. 与我有些不相符

E. 与我完全不相符

17. 在我和别人交谈的时候，我会很在意别人对我的看法。

A. 与我完全不相符

B. 与我有些不相符

C. 不确定

D. 与我非常相符

E. 与我极其相符

18. 在我看来，任何人都可能在社交场合中出现一些差错，完全没有必要为此发愁。

A. 与我极其相符

B. 与我非常相符

C. 不确定

D. 与我有些不相符

E. 与我完全不相符

19. 一般情况下，我会为自己给别人留下了何种印象而担忧。

A. 与我完全不相符

B. 与我有些不相符

C. 不确定

D. 与我非常相符

E. 与我极其相符

20. 对于上司对我的评价，我会十分担心。

A. 与我完全不相符

B. 与我有些不相符

C. 不确定

D. 与我非常相符

E. 与我极其相符

21. 如果知道有人正在评价我，我丝毫不会为此担心。

A. 与我极其相符

B. 与我非常相符

C. 不确定

D. 与我有些不相符

E. 与我完全不相符

22. 我总担心别人会觉得我是一个无用之人。

A. 与我完全不相符

B. 与我有些不相符

C. 不确定

D. 与我非常相符

E. 与我极其相符

23. 对于大家对我的看法，我基本不会担心。

A. 与我极其相符

B. 与我非常相符

C. 不确定

D. 与我有些不相符

E. 与我完全不相符

24. 有的时候我会想，自己有些过于在乎别人对我的看法了。

A. 与我完全不相符

B. 与我有些不相符

C. 不确定

D. 与我非常相符

E. 与我极其相符

25. 我经常害怕自己会说错话或做错事。

A. 与我完全不相符

B. 与我有些不相符

C. 不确定

D. 与我非常相符

E. 与我极其相符

26. 对于别人对我的看法，我一般不会关心。

A. 与我极其相符

B. 与我非常相符

C. 不确定

D. 与我有些不相符

E. 与我完全不相符

27. 通常情况下，我很有信心会给别人留下好印象。

A. 与我完全不相符

B. 与我有些不相符

C. 不确定

D. 与我非常相符

E. 与我极其相符

28. 我很害怕那些与我而言很重要的人会把我忘记。

A. 与我完全不相符

B. 与我有些不相符

C. 不确定

D. 与我非常相符

E. 与我极其相符

29. 朋友们对我的某些看法，会让我感觉很不开心。

A. 与我完全不相符

B. 与我有些不相符

C. 不确定

D. 与我非常相符

E. 与我极其相符

30. 如果知道我的上级正在评价我，我会变得非常紧张。

A. 与我完全不相符

B. 与我有些不相符

C. 不确定

D. 与我非常相符

E. 与我极其相符

计分方法

本测试的题目中，五个选项 A、B、C、D、E 分别按 0 分、1 分、2 分、3 分、4 分计分，将各题得分相加，得出总分即可。

测试结果

得分 0～30 分：说明被测者惧怕否定评价的程度较低，这类人往往积极乐观，具有很强的自信心，别人的否定评价不会让他们受到太多影响。

得分 31～60 分：说明被测者惧怕否定评价的程度处于正常范围，这类人能够以正确的态度去应对各种否定评价，并能从中发现积极的因素。

得分61～90分：说明被测者惧怕否定评价的程度稍高，这类人很怕被人否定，一旦遭遇否定，往往不知所措，常常因否定的评价而产生消极的情绪。

得分91～120分：说明被测者惧怕否定评价的程度较高，这类人有些神经过敏的表现，即便没有受到否定评价，也会在自己的想象中自我否定。

当然，这个测试结果因人而异，在不同的环境和条件下，测试结果会有一些差异，并不能保证每个人的测试结果都准确无误。

第十一章

坦然面对，给负面情绪一个排解的“出口”

情绪时刻处于变化之中，只是有时变化小些，有时变化大些。变化小时，倘若不认真体会，一般很难发现有什么不同；变化大时，往往很容易察觉，可是又难以掌控。不难看出，情绪是一种十分复杂多变的东西，一旦超出了适当的范围，就要想方设法给它找到一个合适的“出口”，将它排解掉，否则，我们的身心都将受到不良的影响。

越想压抑，情绪对你的影响越大

负面情绪出现之后，我们应该尽早将其排除，以免因不断的积累而出现更加糟糕的情况。要知道，越是想要压抑负面情绪，它们在你心中堆积起的负面影响就越是强大。

处于叛逆期的孩子，往往不愿意听从家长的安排。家长想让他们干什么，他们越是不愿意干什么；家长越是不让他们干什么，他们偏偏就要去尝试一下。对于这样的孩子，很多家长感到头疼。实际上，情绪在某些时候表现得就像那些叛逆的孩子一样，你越是想压抑自己的情绪，情绪反而越是强烈地表现出来，越是对你产生巨大的影响。

所以说，对于变化多端的情绪，一味地压制是不明智的选择。想要控制自己的情绪，一定要找到一个行之有效的方法才行。当我们遭到负面情绪的侵扰时，没有底线地忍耐和退让并不会对它产生克制作用，我们应该积极采取行动，尽快让负面的情绪得到释放。

一位年轻有为的商人要到外地参加活动，于是带着妻子一同前去游玩，抵达目的地之后，夫妻两人在一家豪华酒店下榻。

商人的工作十分繁忙，入住之后立刻出去忙碌自己的工作，却忽略

了妻子是第一次到这个人生地不熟的城市来。

丈夫出去之后，习惯了有仆人伺候的妻子有些不知所措，她对陌生的环境产生了一些恐惧和厌恶。打完电话，妻子知道丈夫很难在短时间内回来，于是一个人走出酒店，到海边游玩。可是，在海边，她眼中看到的不是如胶似漆的情侣，就是幸福和睦的家庭成员，这让她更加感觉孤单，于是匆匆返回了酒店。

等待的时间真是难熬，妻子的心再次蠢蠢欲动。只是这一次，她想得更详细一些。她想去购物，可是又怕找不到地方，毕竟是第一次来到这个城市，对这里的情况并不十分了解，万一出了什么事情，她也不知道应该找谁帮忙。而且商场那种繁华的地方，一定有很多情侣，一个人去实在有些孤单。想来想去，妻子放弃了购物的计划，可是她的情绪更加糟糕了。妻子想到了给朋友打电话来排解寂寞，可是连着打了好几个电话，朋友们表达的都是对她的羡慕之情，这让她不好再说孤身一人的寂寥，因为她怕别人说她“身在福中不知福”。妻子感觉自己陷入了“叫天天不应，叫地地不灵”的境地，绝望和失望的情绪充斥了她的大脑。

待丈夫忙完工作回来之后，妻子说的第一句话竟是：“咱们什么时候回去?”

丈夫觉得奇怪：“刚刚来到这里，怎么就想回去了?”

“没什么，就是觉得没什么意思。”妻子轻描淡写地说。

“等我忙过这两天，咱们好好转转再回去啊!”丈夫并没有注意到妻子的情绪变化。

接下来的三天时间里，丈夫忙于应酬，妻子则一个人待在酒店看电视。枯燥无聊的环境让妻子的情绪变得更加糟糕，可是她不愿意和丈夫说，一是担心丈夫的工作，二是不想让丈夫觉得她很没用。

妻子刻意压抑自己的情绪，却没有想过如何将它排解。到了丈夫终于忙完工作，有时间带着她游玩的时候，妻子已经完全没有了兴致。丈夫知道一定是发生了什么事情，于是耐心地和妻子进行交流。当妻子泪流满面地讲完自己这几天的经历之后，她感受到了前所未有的轻松。

妻子拼尽全力地压抑自己的负面情绪，想要在丈夫面前展现良好的自己。可是，她低估了负面情绪的影响力，结果受到了更大的影响。值得庆幸的是，丈夫发现了她的异常，给了她一个释放情绪的机会。妻子终于敞开了自己的心扉，尽情诉说自己的种种委屈，解开了心灵的枷锁。

我们确实应该对情绪进行适当的控制，但是这种控制并不是一味地压抑，而是松弛有度的调控。只有在合适的时机和条件下，通过正确的方式进行一些排解，才能摆脱负面情绪的影响。

情绪小贴士

相信很多人都有过这样的经历：尽情发泄自己的情绪之后，身心都得到了极大的放松。这就说明，发泄能够让人放松，反过来说，压抑则会让负面的情绪越积越多，在这些情绪积累到难以承受的程度时，我们的身心都将受到极大的破坏。

接纳自己，让坏情绪无处藏身

对于自己的不认可、不接受，往往会让我们产生不良的情绪，但是这不过是自寻烦恼而已，因为在这个世界上，根本没有完美无缺的人。

“人有悲观离合，月有阴晴圆缺，此事古难全。”从古至今，这句话之所以受到人们的追捧，是因为其中蕴含的“接受不完美”的思想，能够为很多人欣赏和接受。

这种思想是一种大智的表现，很多人渴望达到这种程度，可是想想容易做起来难。在现实中，大多数人都是尽量追求完美的，当事情没有按照自己的预想发展时，很多人会责怪自己不够努力，抱怨自己没有一个好的出身，强调自己的身体不够强壮……总之，有些人对自己的一切都感觉不太满意。他们希望自己变得更加优秀，这本是一种良好的愿望，可是过于强调自己的不足，不愿接纳真实的自己，那最终的结果只能是离自己的期望越来越远，始终无法达到自己理想的境地。

追求完美固然没错，这是我们不断前进的方向和动力，正是因为有了这种追求，我们的生活才变得越来越好，社会才不断地向前发展。可是，在这个世界上并没有尽善尽美的事物，在追求完美的同时，一定要敢于直面现实，毕竟任何人都有自己的不足，这一点不容置疑。从一定意义上说，敢于接纳自己是一种莫大的勇气，有了这种勇气，我们才能正视并消灭可能出现的坏情绪。

尼克·胡哲是非常著名的励志演讲者，1982 年，他出生于澳大利亚，父母都是虔诚的基督教徒。

尼克在出生的时候就没有双手双脚，可是父母并没有嫌弃他，而是将他当作正常孩子一样来养育。与别人的巨大差异以及难以克制的绝望，曾经让尼克产生过自杀的念头。后来，他的父亲送给他一本《圣经》，正是在这本书中，尼克找到了生活的希望，摆脱了阴暗的心理世界。

在这之后，尼克不再感觉生活是不公平的，他相信自己同样可以找到施展才华的空间。他的怨恨逐渐演变成了感恩，虽然没有正常的四肢，可是他毕竟还有一小段畸形的脚掌，相较于那些四肢全无的人，他算是幸运的了。怀着坚定的信念，他开始了艰苦的求学之路，他不仅学会了自理，还学会了游泳、打字，甚至在别人不可思议的目光中取得了会计和财务的双学位。

尼克接受了自己残缺的身体，并通过自己的努力展现出惊人的能量。现在，尼克不仅拥有了属于自己的生活，他还到世界各地演讲、布道，将自己的经历和大家一起分享，帮助更多的人获得了生活的动力。

对于尼克而言，残缺的身体绝对无法与完美扯上关系，他也曾有过负面的情绪，甚至想到过结束自己的生命。可是，在从《圣经》中得到启示并接受自己的残缺之后，他瘦小的身体中便爆发出难以想象的能量。他变得热爱生活，努力学习，心态方面的改变，让他变成了一个与之前截然不同的人，于是，他的生活变得比某些四肢健全的人的生活更加精彩。

情绪小贴士

看待事物的角度不同，其结果往往会大相径庭。对于自己的不完美，我们可以列出一张清单，并在清单中标注“不完美”的优点。通过对比和分析之后，我们可以看到不完美其实也有值得提倡的优点，而那些确实不完美之处，我们既然无法改变，也就只能勇敢承认其存在，忧心再多也是毫无益处的。

丢掉坏情绪，尽情享受美好生活

在生活中，有各种各样坏情绪会出现在我们心里，对我们的心态和生活都产生负面的影响，只有摆脱它们，我们才能过上正常乃至于美好的生活。

无论我们是否愿意承认，有一点是十分明确而真实存在的，那就是坏情绪时常会出现在我们身上，并对我们的生活产生某种程度上的破坏。

坏情绪会给我们带来不好的感受，会让我们感觉度日如年，以至于让我们无法用正常的思维去对待身边的一切。面对坏情绪，我们应该学着放松心情，时时保持轻松的心态，这将有助于我们以更加清醒的态度去应对，无论做什么事情都会更加得心应手一些。

贝利是世界著名的足球运动员，他不到十六岁便代表巴西俱乐部桑托斯队在联赛中登场，在不到十八岁的年龄又代表巴西国家队参加了世界杯的比赛，并和队友一起捧起了世界杯冠军的奖杯。他一生中留下了为数众多的纪录，直至今日依然难以有人打破。

然而，就是这样一位充满天赋的球员，在刚刚进入桑托斯队的时候也曾紧张得寝食难安。桑托斯队在巴西国内非常有名，当时队中有许多著名的球星，作为刚刚崭露头角的新星，贝利对他们非常尊敬和敬仰。一想到要和球星们在一起训练，贝利不免产生疑问："那些球星会不会嘲笑我技术不行？如果真的出现这种情况，我又怎么回去见我的家人和朋友呢？"

他甚至会想："即便那些球星愿意和我一起踢球，也只是为了显示他们精湛的球技，来衬托我的愚蠢和笨拙而已。如果他们只是想戏弄我一番，然后就把我打发回家，我该怎么办呢？"

贝利越想越觉得情况糟糕，虽然在同龄人中他是佼佼者，可是和队里的球星们相比，他显然不值一提。他被各种不良的情绪困扰着，整个人都变得没有了自信。

可是贝利毕竟是职业球员，他有合同在身，必须参加球队的训练。在第一天走进训练场的时候，贝利紧张得就像瘫痪了一样。他想，第一天来，作为一名新人，无非是练练带球、传球之类的技术，然后在替补席上等待机会。可是，教练竟然让他首发登场，成为球队的前锋。贝利无论如何也没有想到会是这种情况。当他硬着头皮上场的时候，他的双腿就像灌了铅一样，根本就跑不动。他的动作僵硬，传接球质量都很差，跑位也总是出现问题。可以说，贝利之前想到的糟糕场景几乎全都

出现了，唯一例外的是，教练并没有批评他，那些球星也没有责怪他，而是给予他充分的鼓励。这让贝利有些受宠若惊。当他发现那些球星都很和蔼可亲的时候，他逐渐放松了自己。在和他们一起训练的时候，他变得轻松起来，并逐渐有了更好的发挥。

实际上，贝利深感恐惧的那些球星并没有轻视他、嘲笑他，他的种种想法和猜测，只是自己吓唬自己而已。如果他能相信自己的实力，将所有的精力都放在足球上，而不是去做那些无谓的想象，他也就不会被焦虑和恐惧折磨得寝食难安了。

在我们的身边，其实有很多像贝利一样的人，他们被各种各样的坏情绪纠缠着，使得自己的生活受到了不好的影响。甚至有些人被坏情绪折磨得迷失了自我，做出了很多自己都无法理解的事情，彻底失去了享受美好生活的可能。想要过上幸福而美好的生活，就不能整天胡思乱想，走进坏情绪的包围圈，而要学会自我调整远离坏情绪。

情绪小贴士

任何一种坏情绪，都会对我们的生活产生影响，因为它是一种心灵的毒素，会让我们的心态向着不好的方向发展。当坏情绪积累到一定程度的时候，它就会产生巨大的破坏力，甚至给人带来毁灭性的打击。

偶尔吵吵架，也未尝不可

有些人喜欢将所有的问题都埋在心底，有了矛盾或者误会也不会主动说出来，这样对解决问题并无助益。在适当的时候，适度地吵吵架，可以排解负面的情绪，舒缓自己的心情。

一提起吵架，很多人的头脑中便会浮现出乌烟瘴气、鸡飞狗跳的画面，认为吵架会对正常的生活产生负面的影响，也是给身心健康带来不利影响的重要因素之一。诚然，在我们身边，确实有许多因吵架而产生不良后果的负面案例，但是凡事都有两面性，适度的争吵，其实也具有一定的积极意义。

在争吵的过程中，双方可以发泄心中的情绪，将自己的种种不满表达出来，这对于心理健康具有积极的意义。从某种角度上说，争吵甚至可以起到拉近双方心理距离的作用，是增进感情的有效手段。所以说，只要将争吵控制在一定的程度之内，争吵并不像很多人想象的那样恐怖。

就实际效果而言，喜欢争吵的人往往比较直率，想到什么说什么，吵完之后就过去了，所以感受到的压力并不大；不愿意争吵的人则不愿表达情绪，即便心中有事，也喜欢一个人默默承受。随着时间的推移，

心中的压力会越来越大。这些压力就像威力巨大的不定时炸弹一样，万一什么时候爆炸，就会有很多人受到伤害。

晓鹏和孟刚是一个村的，又在同一所大学读书，所以关系非常密切。

晓鹏性格直率，孟刚性格腼腆，晓鹏爱玩爱闹，孟刚喜欢读书，尽管两个人在很多方面都有所不同，可是同乡之情还是让他们成为要好的朋友。

一次期末考试之前，晓鹏向孟刚提出了一个请求：“考试的时候，你给我看看卷子，行不行?”

孟刚断然拒绝：“不行，你这是作弊。”

“我不用你给我传答案，只要你侧一下身，我能看到就行。”晓鹏继续请求。

“不行，让你看我的卷子不是在帮你，而是在害你。”孟刚十分真诚地说。

“还好朋友呢？这点小忙都不帮！真是指望不上你！以后别跟我走那么近了，我是坏学生，免得带坏了你！”晓鹏带着埋怨的语气，边说边走开了。

孟刚本想继续解释，但是看到晓鹏走了，便不再说什么。

考试结果出来，晓鹏挂了两科，孟刚则门门九十分以上。

这一下，晓鹏更生气了，在接下来的一段时间里，晓鹏只要看到孟刚，便要挖苦他一番，把孟刚说成一个无情无义、不近人情的人。

刚开始的几次，孟刚虽然心里生气，可是以为晓鹏只是发发牢骚，过去也就好了。可是晓鹏显然不是这样想，他见孟刚没有回击，以为孟刚是自感羞愧，于是变本加厉地挖苦起来。孟刚一再忍耐，但是人的忍耐毕竟是有限度的。在晓鹏又一次挖苦自己的时候，孟刚突然爆发了，他大声地斥责晓鹏，批评晓鹏的种种行为，甚至将晓鹏初中时的丑事都讲了出来。

所有的人都被孟刚吓到了，谁都没想到他会有如此“凶残”的一面。尤其是晓鹏，他本以为自己对好朋友的挖苦，顶多换回一场小小的争吵，没想到迎来的竟是狂风暴雨一般的猛烈反击。这件事情之后，晓鹏和孟刚之间的关系彻底破裂，两人十几年的友谊从此烟消云散。

孟刚并不善于发泄自己的情绪，面对晓鹏一而再，再而三的挖苦，他选择了默默忍受。可是，他显然没有意识到问题的严重性，也没有想到负面情绪会让自己出现反差如此巨大的表现。如果在晓鹏刚刚开始挖苦孟刚的时候，他就能够小小地和晓鹏吵上一架，相信晓鹏就不会再去挖苦他。那样的话，孟刚就不会遭受负面情绪的侵扰，两个人也不至于走到分道扬镳的境地。

在生活中，大部分人都希望能和别人和睦相处，为了维护良好的人际关系，即便受了委屈，也不愿意用吵架的方式来解决问题。殊不知，如果长期积压负面的情绪，我们的身心健康将会受到不利的影响。

换个角度想一想，其实吵架是在表达自己的思想，这恰恰说明双方都有解决问题的愿望。只要适当注意自己的言行和态度，让吵架处于可控的范围之内，其实偶尔吵吵架并不会影响双方的关系。

情绪小贴士

我们都知道吵架会影响和谐的氛围，但是只要能够控制住吵架的“度”，它对增进感情还是有所助益的。这是因为吵架不仅能够宣泄自己的情绪，也能从中了解对方的心理状态。在以后的交往中，可以根据对方的状态采取不同的对待方式，这样显然更有针对性。

情绪不佳时，不妨做些感兴趣的事

在情绪不佳的时候，做一些感兴趣的事情，可以转移我们的注意力，当我将大部分精力用于感兴趣的事情上时，自然也就没有精力去顾及不良的情绪了。

在工作和生活中，难免会遇到一些“天不遂人愿”的事，愤怒、悲伤、焦虑、忧郁等不良情绪，相信每个人或多或少都有过一些体验。

当不良的情绪袭来时，我们的身心都将受到极大的折磨，以至于不想去做任何事情，甚至情愿赖在床上不起，任由不良的情绪侵蚀自己的精神世界。这种不抵抗的行为，只会给不良情绪更多的“施展”空间，令人深陷不良情绪中无法自拔。

实际上，在情绪不佳的时候，我们更应该去做一些事情，尤其应该做一些自己感兴趣的事情，这样一来，我们的思维将会被兴趣吸引，不良的情绪自然没有了发挥的空间。

威尔福莱特·康是织布业的巨头之一，他在事业上取得了令人艳羡的成就，可是在生活方面并没有达到自己理想的程度。

在为事业奋斗了大半辈子之后，威尔福莱特·康已经功成名就，可是他总觉得自己的生活中少了点什么，似乎只有做点什么才能填补他生活和心灵上的空白。

终于有一天，他想到了学习画画。其实，这个想法在很早之前就已经出现，只是他一直忙于工作，而且他也不相信自己能够取得什么成绩，于是将这个想法搁置了。如今，在他感觉生活空虚的时候，他又燃起了对画画的兴趣，并且认真地实施起学习的计划。

他每天都要拿出一个小时的时间用于画画，即便他的时间十分紧张和宝贵，画画的时间绝对不会打任何折扣。为了不受别人的打扰，威尔福莱特·康将自己的画画时间安排在了早饭之前的那一个小时里。他将楼顶改成自己的画室，几年如一日地坚持画画。

对于威尔福莱特·康来说，画画是他排解空虚和寂寞的手段，他的这个兴趣不仅让他的生活变得更加充实，也给他带来了意料之外的惊喜：他开了画展，并且很多作品被人购买和收藏。

对于威尔福莱特·康这样的成功人士来说，卖画当然不是主要目的，他用卖画的收入设立了一个奖学金，专门用于资助那些在艺术方面颇有造诣的学生。对于自己的善行，威尔福莱特·康说："卖画和捐出的钱都算不了什么，在画画的过程中得到启迪和愉悦才是我最大的收获。"

虽然威尔福莱特·康是一名令人羡慕的成功人士，可是他同样会在某个阶段出现情绪不佳的情况。空虚的生活让他感觉落寞，还好他及时用画画的兴趣进行了填补。而这种兴趣不仅排解了他的不良情绪，也让他在画画领域创造了另一种成功。

在情绪不佳的时候，可以试着去做一些自己感兴趣的事情，当我们全神贯注于这些事情时，大脑就没有空间去容纳负面情绪了，自然就可以达到缓解负面情绪的目的。

情绪小贴士

对于很多人来说，情绪不佳的情况并不少见，每当陷入不良情绪的时候，有些人就会感到手足无措。仿佛不良的情绪就是一个巨大的黑洞，吸走了深陷其中的人的行动能力和思考能力，实际上，如果能够去做一些自己感兴趣的事情，那么情绪很快就会有所好转。

调整心态，别被消极情绪绑架

消极的情绪总会时不时地来侵扰我们，对待它们的时候，爆发和冲动都不是很好的选择，因为这会伤害别人和自己，只有通过调整心态来对付消极情绪，才是一种理智的选择。

很多时候，我们会被消极的情绪绑架。比如，别人吵架影响到了我们，我们的心情也会变得糟糕；路上发现一些不文明的行为，我们会产生厌烦的情绪；等等。一旦发生类似的情况，我们的心态就有可能失衡。

无论我们愿不愿意承认和接受，在这种时候，别人的不良情绪都会传染给我们，并对我们的行为产生影响。整个过程就像链条一样，一环扣一环，如果不能从源头上解决问题，那么我们的情绪状态只会越来越糟糕。

被情绪蒙蔽眼睛之后，我们就会失去理性的思考，精力也难以集中。在这种时刻，往往会做出一些过激的行为，等到情绪过去，又会为自己的行为后悔不迭。所以说，我们应该学会在适当的时候调节自己的心态，不给坏情绪掌控我们的机会，以免它来影响我们的生活。

一家超市准备招聘一名收银员。经过初次面试之后，有三位候选人进入了复试。超市的老板亲自坐镇，对三位候选人进行考核。

第一位候选人走进办公室后，老板将一百元钱丢到她的面前，让她下楼给自己买一包烟。

这位候选人心想：我还没有正式入职呢，为什么要给你干活？这完全是对我的不尊重！她觉得老板这是故意伤害她的自尊心，于是怒气冲冲地从办公室出来，头也不回地走了。她一边走，还一边抱怨："老板了不起啊，凭什么让我干我不该干的活？这种老板，在他手下打工也不痛快！"

第二位候选人走进办公室后，老板同样将一百元钱丢到她的面前，让她下楼给自己买一包烟。

这位候选人拿起钱之后发现，钱是假的。但是她装作没有看出来，拿着钱走出了办公室，到楼下用自己的钱给老板买了一包烟，并将找回的零钱交给了老板。因为她已经失业了一段时间，急需一份工作，急躁的心情让她做出了错误的决定：宁愿损失一点，也要争取这个职位。然而，天不遂人愿，老板对她并不是很满意，将一百元真钞还给她之后，便让她离开了。

第三位候选人走进办公室后，老板依然将一百元钱丢到她的面前，让她下楼给自己买一包烟。

这位候选人拿起钱，发现那是一张假币，于是微笑着请老板给她换一张。对于这位候选人的诚实和敢于担当，老板十分满意，于是和她签订了工作合同，并放心地将收银工作交给了她。

对于老板安排的同样一件事情，三位候选人有着截然不同的反应。第一位候选人表现得很愤怒，完全被情绪掌控，做起事情很容易冲动，所以老板不放心；第二位候选人表现得很不专业，即便心情急躁，也不应该做出一些与工作要求有悖的事情；第三位候选人表现出了自己的敬业态度和专业能力，自然受到了老板的青睐。

无论在工作中还是生活中，总会遇到一些不顺心或是让人难以接受的事情，这是很容易出现消极的情绪。消极的情绪往往具有极大的杀伤力，在不知不觉间，它们就能控制我们的大脑，让我们做出冲动的事情。当不好的事情发生的时候，我们需要做的是尽量调节自己的心态，不能被它们扰乱了正常的思维，一时冲动做出令人后悔的事情。

情绪小贴士

在消极的情绪面前，有些人会表现得十分“脆弱”，很容易就被它们掌控，并因此而变成一个连自己都不认识的人。聪明人则不会这样，他们会适时地调节自己的心态，从最佳的角度和方向去看待消极情绪，并从中找到消除它的办法。

情绪测试

对于任何一个人来说，做错事、说错话都是难以避免的情况，在这种时候，内疚感便会油然而生。虽然每个人的内疚程度各不相同，但是无论程度如何，如果不及时进行疏导，它就会对人的情绪产生极大的影响。通过下面这个测试，检验一下自己的内疚程度吧！

题 目

请认真阅读下列各项问题，并根据自己的实际情况，选择最符合的一个答案。

1. 背叛朋友的时候，你有何感受？

A. 不内疚

B. 似乎不内疚

C. 似乎内疚

D. 内疚

2. 吃掉别人东西的时候，你有何感受？

A. 不内疚

B. 似乎不内疚

C. 似乎内疚

D. 内疚

3. 对朋友的困难不管不问的时候，你有何感受？

A. 不内疚

B. 似乎不内疚

C. 似乎内疚

D. 内疚

4. 犯下错误的时候，你有何感受？

A. 不内疚

B. 似乎不内疚

C. 似乎内疚

D. 内疚

5. 无法准时赴约的时候，你有何感受？

A. 不内疚

B. 似乎不内疚

C. 似乎内疚

D. 内疚

6. 因为自己的原因和恋人分手的时候，你有何感受？

A. 不内疚

B. 似乎不内疚

C. 似乎内疚

D. 内疚

7. 偶然看到恋人间的私密镜头的时候，你有何感受？

A. 不内疚

B. 似乎不内疚

C. 似乎内疚

D. 内疚

8. 无法兑现自己的诺言的时候，你有何感受？

A. 不内疚

B. 似乎不内疚

C. 似乎内疚

D. 内疚

9. 偷偷拿父母钱的时候，你有何感受？

A. 不内疚

B. 似乎不内疚

C. 似乎内疚

D. 内疚

10. 随意翻看别人的日记的时候，你有何感受？

A. 不内疚

B. 似乎不内疚

C. 似乎内疚

D. 内疚

11. 谎话连篇的时候，你有何感受？

A. 不内疚

B. 似乎不内疚

C. 似乎内疚

D. 内疚

12. 买完奢侈品的时候，你有何感受？

A. 不内疚

B. 似乎不内疚

C. 似乎内疚

D. 内疚

13. 把借别人的东西弄丢了的时候，你有何感受？

A. 不内疚

B. 似乎不内疚

C. 似乎内疚

D. 内疚

14. 没给老人让座的时候，你有何感受？

A. 不内疚

B. 似乎不内疚

C. 似乎内疚

D. 内疚

15. 明明不喜欢对方却和对方有性行为的时候，你有何感受？

A. 不内疚

B. 似乎不内疚

C. 似乎内疚

D. 内疚

16. 对自己必须要做的事情消极怠工的时候，你有何感受？

A. 不内疚

B. 似乎不内疚

C. 似乎内疚

D. 内疚

17. 自己不开心弄得别人也尴尬的时候，你有何感受？

A. 不内疚

B. 似乎不内疚

C. 似乎内疚

D. 内疚

18. 给别人增添麻烦的时候，你有何感受？

A. 不内疚

B. 似乎不内疚

C. 似乎内疚

D. 内疚

19. 因为自己的原因必须辞去社会兼职的时候，你有何感受？

A. 不内疚

B. 似乎不内疚

C. 似乎内疚

D. 内疚

20. 没有遵守与别人的约定的时候，你有何感受？

A. 不内疚

B. 似乎不内疚

C. 似乎内疚

D. 内疚

21. 朋友挨欺负自己却无能为力的时候，你有何感受？

A. 不内疚

B. 似乎不内疚

C. 似乎内疚

D. 内疚

22. 明知道别人多找了钱自己却没有提醒的时候，你有何感受？

A. 不内疚

B. 似乎不内疚

C. 似乎内疚

D. 内疚

23. 对别人的帮助不予接受的时候，你有何感受？

A. 不内疚

B. 似乎不内疚

C. 似乎内疚

D. 内疚

24. 朋友不得不忍受你的误解的时候，你有何感受？

A. 不内疚

B. 似乎不内疚

C. 似乎内疚

D. 内疚

25. 揭朋友短的时候，你有何感受？

A. 不内疚

B. 似乎不内疚

C. 似乎内疚

D. 内疚

26. 没经别人同意偷用别人东西的时候，你有何感受？

A. 不内疚

B. 似乎不内疚

C. 似乎内疚

D. 内疚

27. 不努力学习、考试之前过分依赖别人的时候，你有何感受？

A. 不内疚

B. 似乎不内疚

C. 似乎内疚

D. 内疚

28. 通过某些见不得人的手段获得胜利的时候，你有何感受？

A. 不内疚

B. 似乎不内疚

C. 似乎内疚

D. 内疚

29. 伤害小动物的时候，你有何感受？

A. 不内疚

B. 似乎不内疚

C. 似乎内疚

D. 内疚

30. 疏远朋友的时候，你有何感受？

A. 不内疚

B. 似乎不内疚

C. 似乎内疚

D. 内疚

31. 还未成年却喝酒的时候，你有何感受？

A. 不内疚

B. 似乎不内疚

C. 似乎内疚

D. 内疚

32. 让别人承受自己固执造成的后果的时候，你有何感受？

A. 不内疚

B. 似乎不内疚

C. 似乎内疚

D. 内疚

33. 发现借了别人的东西却忘记归还的时候，你有何感受？

A. 不内疚

B. 似乎不内疚

C. 似乎内疚

D. 内疚

34. 使用完暴力的时候，你有何感受？

A. 不内疚

B. 似乎不内疚

C. 似乎内疚

D. 内疚

35. 吃饭浪费的时候，你有何感受？

A. 不内疚

B. 似乎不内疚

C. 似乎内疚

D. 内疚

36. 想到父母为自己承受了很大的经济压力的时候，你有何感受？

A. 不内疚

B. 似乎不内疚

C. 似乎内疚

D. 内疚

37. 无法阻止亲朋好友的死亡的时候，你有何感受？

A. 不内疚

B. 似乎不内疚

C. 似乎内疚

D. 内疚

计分方法

本测试的题目中，四个选项 A、B、C、D 分别按 1 分、2 分、3 分、4 分计分，将各题得分相加，得出总分即可。

测试结果

得分 37～55 分：说明被测者的内疚程度较低，这类人会给人一种冷漠的感觉，好像世界上没有什么值得他们在意的人和事。

得分 56～90 分：说明被测者的内疚程度处于正常范围，这类人懂得在适当的时候表达自己的内疚之情，给人一种亲切而舒服的感受。

得分 91～120 分：说明被测者的内疚程度稍高，这类人会将一些自己无法控制的事情也归咎于自己身上，认为自己的错误是导致事情发生的根源所在。

得分 121～148 分：说明被测者的内疚程度较高，这类人很喜欢内疚，即便事情和自己没有关系，他们也会联想到自己身上，怀疑自己是引发坏事的罪魁祸首。

当然，这个测试结果因人而异，在不同的环境和条件下，测试结果会有一些差异，并不能保证每个人的测试结果都准确无误。

后 记

控制住自己的情绪，你就赢了

拿破仑曾经说过：“能够控制好自己情绪的人，比能拿下一座城池的将军更伟大。”作为一位叱咤风云、唯我独尊的军事天才，拿破仑能够说出这样的赞誉之词，可见控制住自己的情绪对于一个人来说是多么重要。

在日常生活中，我们每天都会出现各种各样的情绪，而且总是处于各种情绪不断变化的境况之中。当事情发展顺利，或是出现让人满意的情况时，我们会觉得高兴、愉快等；当事情发展出现障碍，或是结果无法令人满意时，我们会觉得失落、忧伤等。在事情发展的过程中，各种情绪也会交织在一起，随着情况的不断变化，我们的情绪也会随之出现波动。

情绪是一个人形影相随的伙伴，任何人都无法摆脱它们的陪伴。但是对待“伙伴”的方式，则是“仁者见仁，智者见智”。每一个人的对待方式，都是其特有的名片，展示着这个人的品行和修为。

一个不善于掌控情绪的人，往往会将自己的喜怒哀乐写在脸上，通过他们的表情、言行等，就可以看出事情进展的情况。善于控制情绪的人，通常能够有效地隐藏自己的情绪，无论情况如何变化，他们总是喜怒不形于色。

在有些人看来，释放自己的情绪是一种表现真实自我的方式，控制自己的情绪则是一种虚伪做作的表现。从两种形式的外在表现来说，这样的看法似乎有些道理，但是，从深层的意义来说，能够控制自己情绪的人往往具有更强的自控力。他们可以通过情绪的掌控来调节自己的心理状态，以此为自己树立更好的形象，建立更加和谐的人际关系，赢得更多的战略资源。从这个角度来说，善于控制情绪的人明显更容易获得成功，更容易成为人生的赢家。

没事的时候，不妨回想一下：在出现问题的时候，我是不是控制住了自己的情绪？如果答案是否定的，那么就应该从现在开始学会掌控自己的情绪。因为情绪是每个人不可或缺的一部分，在整个一生中，我们都要和情绪打交道。学会做情绪的主人，才能让自己的身心保持良好的状态，才能不断地让自己变得更加完善，才能以胜利者的姿态矗立在人生之巅。